眠れぬ夜の 確率論

原 啓介

日本評論社

　確率論は非常に奇妙な，特別な分野だと私は思っています．もちろんこれは，たまたま，確率論を専攻した私の身晶屓でしょうが，純粋数学の問題であると同時に，物理学を始め自然科学の諸分野や，経済学，哲学，倫理学，果ては処世術にまで関係するのは，例外的だと言えましょう．

　本書では，このさまざまな領域に関わる確率の姿を，できる限り，精一杯，幅広く取り上げました．かなり深い数学的知識を仮定した箇所もありますが，全体としては，数式などを読み飛ばしても，十分に楽しんでいただけると思います．

　本書の内容は，月刊誌『数学セミナー』(日本評論社)に 2018 年 4 月号より一年に渡って連載したものをベースにしています．具体的には，第 4 部を除く 12 の章がこの 12 か月分で，第 4 部の三つの章が新たに書き下ろした追加分です．

　その他，連載時には隠されていた部構成を露にしたこと，各章にエピグラフを追加したこと，また，一冊の本の体裁にするために各所の文章を若干調整したことが，連載からの差分です．

　本書の構成は，連載を依頼していただき，執筆の計画を立てたときのものです．連載時には毎回読み切りが前提だったため，その構成は表に出しませんでした．また分量の関係で，連載時には統計に関係する内容(本書第 4 部)をまるごと捨てました．つまり，この単行本化にあたって，当初の構想を明確にすると同時に，その全体を復活させたわけです．

　この本で初めて「眠れぬ夜の確率論」に触れる方も，また連載時に読んでくださっていた方も，ともに楽しんでいただければ幸甚です．

原 啓介　2020 年，小石川にて

目次

まえがき ………………… i

第1部 原理 ……… 1

第1章 どうやら確からしい話 ………………… 2
ある高校生，近江の君，ラプラス，
その他の物語

1.1 同様に確からしい道　1.2 ラプラスまでの非常に短かい（やや文学的な）歴史
1.3 ラプラスの魔と「同様に確からしい」　1.4 ラプラス流「ベイズ推定」
1.5 明日も日は昇る

第2章 あなたの人生の期待値 ………………… 13
心の代数，千両みかん，ホームズ最後の事件，
その他の物語

2.1 「無問題」理論と「心の代数」　2.2 パスカル，ラシーヌ，愚かなり
2.3 精神的期待値と「千両みかん」　2.4 モリアーティー教授の追撃
2.5 確率的意思決定の悩ましさ

第3章 確率・長さおよび面積 ………………… 24
キャロルの三角形，並行宇宙，確率変数の謎，
その他の物語

3.1 ルイス・キャロルの三角形　3.2 コルモゴロフの確率空間
3.3 確率変数とは　3.4 確率空間と確率変数の未来
3.5 おまけ：読者への挑戦

第2部 意味 ……… 35

第4章 天才フォン・ミーゼス閣下の蹉跌 …… 36
謎のコレクティヴ，ポワソンのごまかし，
ミッシングリンク，その他の物語

4.1 天才の大ポカ　4.2 謎のコレクティヴ
4.3 大数の法則はインチキか？　4.4 ランダム性とは何か？
4.5 確率と統計のミッシングリンク

第5章 でたらめという名の規則 ………………… 47
反規則性，コルモゴロフ再び，
ポーの少年と緋牡丹のお竜，その他の物語

5.1 反規則性としてのランダム　5.2 計算とは何か
5.3 コルモゴロフの複雑度　5.4 ポーの少年と緋牡丹のお竜
5.5 でたらめさと確率

第6章 主観確率のあやしくない世界 ……… 58
DL2号機事件，一貫性，ダッチブック論法，
その他の物語

6.1 幸運を呼ぶ方法，災難を避ける方法　6.2 あやしき主観確率
6.3 一貫性（コヒーレンス）　6.4 ダッチブック論法
6.5 主観確率と統計的推測

| 目次 |

第3部 数理 69

第**7**章 **余は如何にして確率論者となりし乎** …… 70
**梯子酒，秘密の通路，5と7の理由，
その他の物語**

7.1 確率論との出会い　7.2 酔歩とは
7.3 バーに挟まれる／囲まれる　7.4 ブラウン運動へ
7.5 ブラウン運動の経路の微分不可能性

第**8**章 **エントロピーの夢** ……………………… 81
**ピンチョン，シャノン，ボルツマン，
その他の物語**

8.1 エントロピーのイメージ　8.2 情報学的エントロピー
8.3 熱力学・統計力学のエントロピー　8.4 理想気体のエントロピー
8.5 熱力学の第二法則へ

第**9**章 **負の確率，のようなもの** ……………… 92
**魔法のコイン，正負の打ち消し，超検索，
その他の物語**

9.1 負の確率を持つコイン？　9.2 魔法のコインへの操作
9.3 コインのもつれあい　9.4 数の性質当てゲーム
9.5 データベースの超検索　9.6 魔法のコインとは

第4部 推理 103

第**10**章 **統計のこころ** ……………………… 104
**死人を数える，シンプソンのパラドックス，
真のブショネ率，その他の物語**

10.1 確率と統計の仲　10.2「死人を数えた男」
10.3 シンプソンのパラドックス
10.4 平均としての分数

第**11**章 **逆向きの推理** ……………………… 115
**再びコイン投げ，統計的に有意，科学の危機，
その他の物語**

11.1 コイン投げの常識　11.2 仮説のギャンビット（捨て駒）
11.3 幅のある推理　11.4 区間推定の難しさ
11.5 検定／推定理論の罪

第**12**章 **モンテカルロで行こう** ……………… 125
**実録「踊る人形」，モンテカルロとメトロポリス，
でたらめの効用，その他の物語**

12.1 実録「踊る人形」　12.2 マルコフ連鎖
12.3 モンテカルロとメトロポリス
12.4 でたらめの効用

第 5 部 人間

135

第 13 章 人間原理の奇妙なロジック ……………… 136
絶妙な調整，人間孵卵器，
人類皆殺し計画，
その他の物語

13.1「絶妙な調整」と人間原理　13.2 ひげの色の証拠
13.3 自己標本仮定と自己表示仮定　13.4「最後の審判日」論法と人類皆殺し計画
13.5 人間原理はナンセンスか

第 14 章 記憶喪失と自由意志 ……………… 147
シンデレラの罠，眠れる美女，
新旧ニューカム問題，
その他の物語

14.1 罠としての記憶喪失　14.2「眠れる美女」はなぜ悩ましいのか
14.3 罠としての自由意志　14.4 ニューカムの問題へのさまざまな回答
14.5 予言者と超予言者

第 15 章 確率のディスクール・断章 ……………… 158
不運と幸運，
恋と運命，夢と成功，
その他の物語

索引 …………………………… 169

第 1 部

原 理

…∴✦　第 **1** 章　✦∴…

どうやら確からしい話

ある高校生，近江の君，ラプラス，その他の物語

> 楊子（楊朱）の隣人羊を亡う．既にその党を率い，又楊子の
> 豎（小僕）を請うて之を追う．楊子曰く，嘻，一羊を亡えるに
> 何ぞ追う者の衆きやと．隣人曰く，岐路多しと．既に反
> （返）る．羊を獲たるかと問えば，曰く，之を亡えり．曰く，
> 奚ぞ之を亡える．曰く，岐路の中に又岐有り．吾之く所を
> 知らず，反（返）れる所以なりと．楊子戚然として容を変え，
> 言わざること時を移し（数時間），笑わざること日を竟（終）う．
>
> 『列子』（小林勝人訳注，岩波文庫），説符第八，二十四

　本書におきましては，確率論を解説する，というよりは，確率
という不思議な概念の周辺を逍遥しながら，さまざまな話題を，
やさしく，あっさりと，お話ししてみたいと思っていますので，
お気楽にお付き合いくださいませ．
　では，皆さんが最初に確率論に触れたときに出会ったはずの謎
めいた呪文，「同様に確からしい」から始めましょう．

1.1　同様に確からしい道

　私は大学院生の頃，家庭教師のアルバイトで高校生に数学を教えていました．彼女は確率が特に苦手で，「同様に確からしい」と言うべきところでいつも，「**どうやら確からしい**」と言ってしまうのでした．

　当時，以下のような問題をしばしば見かけたものです．

問題 1.1　碁盤の目状の町に住む H 君の通う学校 S は，家から 3 ブロック北，4 ブロック東にある(図 1.1)．H 君は最短距離で通学するが，その道は毎日でたらめに選ぶ．H 君が交差点 K を通る確率はいくらか．

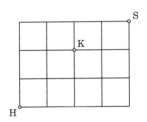

図 1.1　問題 1.1 の市街地図

　この問題の面白いところは，並び替えの問題と対応していることです．つまり，可能な通学路が，「北に 1 ブロック進む」を N，「東に 1 ブロック進む」を E と書くとき，3 つの N と 4 つの E からなる 7 文字を一列に並べる方法に対応している．

　したがって可能な通学路は，7 文字のうち N とする 3 箇所を選ぶ組合せの数，$_7\mathrm{C}_3 = 7!/(3! \cdot 4!) = 35$ 通りあります[1]．

　そして，この 35 通りの通学路が「同様に確からしく」，また，交

差点 K を通る可能な通学路は同様の計算から $_4C_2 \cdot _3C_1 = 6 \cdot 3 = 18$ 通りあるので,「正解」はその比 18/35 です.

　しかし,この問題には欠点があります.「同様に確からしい」各通学路が,あまり同様に確からしく思えないことです.そもそも,「でたらめに道を選ぶ」の意味は何でしょう.

　例えば,単純な場合として学校が 1 ブロック北,2 ブロック東にあるとしましょう (図 1.2).このとき,可能な通学路は 3 通り (NEE, ENE, EEN) あります.出題意図からすれば,この 3 通りは「同様に確からしく」,その一つを選ぶ確率は 1/3 になります.

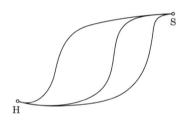

図 1.2　同様に確からしい三つの道

　しかし,家から出てまず北に行くか東に行くかをでたらめに選ぶことも,同様にもっともらしい方法です.この場合,まず北を選べば NEE の通学路が確定するので,この道を選ぶ確率は 1/2 になり,あとの 2 通りの道の確率はそれぞれ 1/4 です.

　このどちらが正しいのか,つまり,何が同様に確からしいのかを考えさせることは,もちろん出題意図ではありません.実際,それは数学の問題ではない,と線を引いてしまうことは,現代的確率論の有力な考え方の一つです.

---

1)　自然数 n に対し $n!$ は n の階乗,つまり $n! = 1 \times 2 \times \cdots \times (n-1) \times n$.

　しかし，それは同時に，ランダムな現象や確率の問題の悩ましさでもあり，魅力でもある，本質的な部分の切り捨てではないか，とも思われます．「同様に確からしい」とは何なのでしょうか？

1.2　ラプラスまでの非常に短かい（やや文学的な）歴史

　人間が最初に確率や偶然，ランダムネスなどを認識したのはいつ頃，どのようにしてなのか定かではありませんが，太古の昔からであることは間違いないでしょう．実際，神意をうかがうための偶然の利用は，古代史のどこにも見られます．

　また，既にアリストテレス（384–322 BC）は，偶然に起こるできごとを詳細に考察しています[2]．つまり，古代ギリシャ時代には，「偶然」が哲学の基本的な問題として認識されていました．

　しかし，数学に偉大な業績を残した古代ギリシャ人も，偶然を定量的には分析しなかったようです．おそらくそのためには，繰り返し可能で十分に複雑な現象，つまり偶然を扱うゲーム，特に賭博が成熟する必要があったのでしょう．私は歴史の専門家ではありませんので，皆さんにもなじみ深い書物から例を挙げることでその様子を見てみましょう．

　例えば，『論語』には，「子曰く，飽食終日，心を用ふる所無きは，難いかな．博奕なる者あらずや．之を為すも猶已むに賢れり」[3]とあります．この「博」が双六，「奕」が囲碁だそうです．双六と言っても，子供が遊ぶ絵双六ではなくて，今のバックギャモンに似た盤双六の類でしょう．

　本邦に目を移せば，世界最古の長編小説とされる『源氏物語』

2）アリストテレス『自然学』（新版アリストテレス全集 4，岩波書店）．第二巻，第四章から六章「偶然（偶運）と『おのずから』（偶発）」．
3）訓読は『論語の講義』（諸橋轍次著，大修館書店）によった．

5

に登場する近江の君が双六好きでした．源氏で最も滑稽なキャラクタの一人ですね．「手をいと切におしもみて，『せうさい，せうさい』[4)]とこふ声ぞ，いと舌疾きや」などのところは，私たち同様，偶然のゲームに夢中になる姿が目に浮かびます．

　孔子の時代は今から二千五百年ほど前，紫式部は千年ほど前ですから，双六やサイコロを使った賭博は相当昔からあったのでしょう．また，ヨーロッパでは中世になってカード（トランプ）も流行し始めます[5)]．

　洋の東西を問わず賭博の魅力は人々を強烈に捉えたようで，お上や教会が禁止令を出すこともしばしばでした．例えば，ダンテ『神曲 地獄篇』の第11歌にも「博打屋に通いつめて財産をすった者は」地獄で苦しむと歌われています[6)]．博打にふけるのは，自殺と同じく，「自分に対する暴力」の罪だそうです[7)]．

　一種の実験場としてこの悪徳が栄えることで，偶然を定量的に捉え，分析することへの興味が高まっていきました（無論，動機の大半は金銭欲と賭博の悪魔的魅力だったでしょう）．そして十七世紀，「パスカル–フェルマー書簡」[8)]で一つの頂点を迎えます．

　かのパスカル（1623-1662）とフェルマー（1607?-1665）が以下のような確率の問題を，（生涯一度も顔をあわせることなく）文通に

---

4) 玉上琢彌訳注『源氏物語』（角川ソフィア文庫）によれば，「せうさい」は「小さい目」のこと．

5) ちなみに賭博場の花形のルーレットは，発明がパスカルに帰されたりするように比較的新しい．ただし，パスカルはサイクロイド曲線を "roulette" と呼んで研究したものの，ルーレット発明への貢献の確たる証拠はないようである．蜚語の類か．

6) 訳文は『神曲 地獄篇』（平川祐弘訳，河出文庫）によった．

7) 賭博に囚われた人間を描いた作品，例えばドストエフスキー『賭博者』や久生十蘭「黒い手帳」を読むに，この洞察は鋭い．

8) この往復書簡の内容すべてを日本語で読むことができるので，我田引水ではあるが，K. デブリン『世界を変えた手紙』（原啓介訳，岩波書店）を参考に挙げておく．

よる共同研究で解決したことはあまり知られていません.

問題 1.2　二人が公平な賭けを繰り返し,先に3勝した方が賞金を総取りすることにした.しかし,スコアが1対2となったところで中断せざるをえなくなった.賞金をどう分けるべきか.

　皆さんにはやさしい問題でしょう(1:3 の比に分ける).しかし,もちろん,私たちが彼らより賢いわけではありません.偶然の現象を数学的に分析して現実に応用できることが想像もできなかった時代を考えると,我々がこの問題をやさしいと思うこと自体が,彼らの業績とさえ言えるでしょう.

　二人の仕事は即座にホイヘンス(1629-1695)などに受け継がれ,この時点で,今で言う初等的な確率の問題が人間の知性の射程範囲に入りました.そして,次の段階はこのような確率を,賭博場から科学と応用の世界へ連れ出すことでした.これが十八世紀から十九世紀にかけて,つまりラプラス(1749-1827)やガウス(1777-1855)の時代です.

　特にラプラスは,私たちが今,初等的な確率論と呼ぶ「同様に確からしい」式の確率論の基盤と,代数学や解析学を用いた具体的な計算テクニックを準備した立役者だと言えるでしょう.さらにラプラスは確率を科学や社会に応用する枠組も同時に提出しました.

1.3　ラプラスの魔と「同様に確からしい」

　ラプラスは確率に関する複数の論文の他に,『確率の哲学的試論』[9]と『確率の解析的理論』の二冊を出版していて,確率の基礎

---

9) ラプラス『確率の哲学的試論』(内井惣七訳,岩波文庫).

づけはこの前者にまとめられています．確率とは何か，この『哲学的試論』でラプラスは以下のように「定義」しました．

第一原理　第一の原理は確率の定義にほかならない．すでに見たとおり，確率とは，すべての可能な場合の数に対する好都合な場合の数の比である．

第二原理　ところが，この第一原理は異なる場合が等しく可能であると前提している．もしそうでないなら，それぞれの場合の可能性をまず決定する．これを正しく評価することが偶然性の理論で最も微妙な点の一つである．このとき，確率は各々の好都合な場合の可能性すべての和である．

　つまり，ラプラスは「等しく可能な（同様に確からしい）」場合の数の比で確率を「定義」したのですが，「可能性」をどう評価するかは「微妙な点」だと言うだけです．これではとても原理や定義とは呼べないと，現代の私たちには思えます．しかし，この「定義」の背景には決定論的な世界観と，確率を人知の限界の表現だとする基本思想があります．

　同書の冒頭でラプラスは，どの事象にも先立つ原因があることは「自明の原理」だと述べています[10]．ゆえに，ある時点での宇宙の全状態を知っていて，その情報を完全に分析する能力を持つ知性にとっては，不確かなものは何もなく，過去も未来も現在同様に認識できるはずだ，と想像します．この仮想的な知性こそが「ラプラスの魔」です．

10）アリストテレス『自然学』（脚注2）によれば，決定論的世界観は古代ギリシャ時代から原子論の文脈で唱えられていた（レウキッポス，デモクリトス）．

　そして「ラプラスの魔」でない私たち人間が，限られた情報と能力で世界を分析しようとするときに確率が現れる，というのがラプラスの立場です．つまり，ラプラスの確率は，世界を探求する科学の方法論として位置づけられているのです．

　この立場では，「同様に確からしい」は個人もしくは人間の限界を表した仮説であって，数学的定義を与えるものではないのだ，と弁護できるでしょう．ただし，このような立場と数学的確率を融合，もしくは混同させたことは，ラプラス流のエッセンスであると同時に，現代から見れば弱点でもあります．

1.4　ラプラス流「ベイズ推定」

　ラプラスの確率の原理は第七原理まであります（第八から第十原理は期待値について）．第三原理は積の法則[11]ですが，第四原理からの四つ，つまり大半は，今で言う条件つき確率とベイズの公式を扱っていることにもラプラスの思想が表れています．

　第四と第五原理は条件つき確率の定義に相当し，（現代的に書けば）以下のように表される量を導入しています．

定義 1.1（（初等的な）条件つき確率）　確率が正の二つの事象 A，B に対し，B を条件づけたときの A の条件つき確率 $P(A|B)$ を以下で定義する．

$$P(A|B) = \frac{P(A \cap B)}{P(B)}.$$

　つまり，事象 B の範囲内で事象 A が占める確率の割合です．

11）つまり，独立な複数の事象がともに生じる確率は個々の確率の積に等しいこと．現代の（数学的）確率論の立場では，逆にこれが「独立」の定義である．

これから直ちに以下の関係が得られます.

定理 1.1（ベイズの公式）

$$P(B|A) = \frac{P(A|B)P(B)}{P(A)}.$$

　条件つき確率 $P(A|B)$ に対し，その「逆の」条件つき確率 $P(B|A)$ が与えられることがポイントです．この公式を「今，$P(B)$ だとしている B の確率を，情報 A を知ったことで，$P(B|A)$ に更新する手続き」だと読むのが，ベイズ推定の心です．上式を一歩進めた以下の形もベイズの公式と呼ばれます.

定理 1.2（ベイズの公式 2）　事象 A と，全事象の分割であるような事象 $H_1, \cdots, H_n$ に対し，

$$P(H_i|A) = \frac{P(A|H_i)P(H_i)}{\sum\limits_{j=1}^{n} P(A|H_j)P(H_j)}.$$

　つまり，各仮説 H_i のもとで観察結果 A が起きる確率を用いて，その逆に，観察結果のもとで各仮説が正しい確率を計算します（第六原理）.

　ラプラスは，この逆向きの確率によって仮説に関する認識を更新していく手続きを，科学の方法として述べています．その意味で，本質的なアイデアではベイズ (1701?-1761) が先んじたものの，ベイズ推定の枠組を初めて提案したのはラプラスだと言えるでしょう.

　もちろん，（先行したベイズの研究を別にしても）このような考え方が突然，ラプラスの下に訪れたわけではありません．例えば，

ヒューム(1711-1776)が『人間本性論』の中で，認識と因果の関係から偶然と確率を詳しく議論しているように[12]，経験論哲学の流れの中に位置づけることが妥当だろうと思います[13].

1.5　明日も日は昇る

ラプラスは同書で，明日また日が昇る確率はいくらか，という問題を考えています．ラプラスは天文学も研究していましたので，この例も自然科学の方法としての確率論を念頭においていたはずです．

ラプラスは，人間の歴史は五千年前までさかのぼれると仮定して，1826213日間毎日，太陽が昇ったことから，その賭率は1対1826214（確率で言えば，1826214/1826215）だとしました．一見は素朴な直観に思えますが，そのロジックは以下の第七原理です．

第七原理　未来の事象の確率は，観察された事象に基づく各々の原因の確率と，その原因が存在すると仮定したときの未来の事象の確率との積をとり，それらの積すべての和をとったものである．

ややわかりにくいので数式に書き直しますと，「未来の事象」を B，「観察された事象」を A，「各々の原因」（仮説）を $H_1, \cdots, H_n$ として，

$$P(B|A) = \sum_{i=1}^{n} P(B|H_i)P(H_i|A)$$

---

12) Hume "A Treatise of Human Nature"(Dover)，第Ⅲ部 "Of knowledge and probability"．特にその第Ⅱ, Ⅺ, Ⅻ, ⅩⅢ章.

13) この文脈で確率論的科学観の発展を解説したものとしては，ラプラス『哲学的試論』の訳者でもある内井氏の『シャーロック・ホームズの推理学』(講談社現代新書)が楽しい.

となります.

この問題では, 日が昇る確率がpであるという仮説が, 0から1までのどの実数pでも「同様に確からしい」ので[14], 「和」が積分の形になって,

$$\int_0^1 p \left\{ p^N \middle/ \int_0^1 q^N dq \right\} dp = \frac{N+1}{N+2}$$

と計算したのです($N = 1826213$ 日. 左辺 { } の中は上の定理1.2のやはり積分版).

一方で, ラプラスは間違いとしてビュフォン(1707-1788)の答 $1-(1/2)^{1826213}$ を紹介し, 原因と観察と未来を結びつける論理を欠いている, と批判しています. しかし, ラプラスがベイズ推定の枠組を先駆けたように, ビュフォンの答には現代の仮説検定の考え方の萌芽が見られるような気もします.

明日も日が昇る確率を, 皆さんはどうお考えになりますか. 上の二つの計算方法に対して, 現代人としてどうお答えになるでしょうか?

ところで, ふと思ったのですが……「同様に確からしい」は「どうやら確からしい」だと言ったあの彼女は, ひょっとしたら天才だったのではないか.

---

14) ここで確率の確率を考えていることに注意.

第 2 章

あなたの人生の期待値

心の代数，千両みかん，ホームズ最後の事件，その他の物語

やがてブッチャーは分散攻撃という
巧妙な戦術を案出するにいたり，
狙いを定めたのは人のめったに踏みこまぬ地点，
不気味な荒涼たる谷間だった．
ところが，まさに同一の戦術をビーバーも思いついたのだ．
選んだ地点も同じだった．
「スナーク狩り」(『ルイス・キャロル詩集』(高橋康也・
沢崎順之助訳，筑摩書房)所収)，第 5 章「ビーバーの授業」より

2.1 「無問題」理論と「心の代数」

高校生の頃，私は「人生に悩みは存在しない」という理論を打ち立てました．社会科の授業で，人間の悩みの多くは複数の選択肢のどれかを選ばざるをえないことにある，と聞いたときのことです．

たしかにほとんどの悩みは，どちらも好きなのに一方しか選べない，どちらも嫌なのに一方を受け入れざるをえない，好きなこ

とをするには嫌なことが必ずついてくる，など，選択問題である
ようです．

　そのとき，高校生の私は思いました．なぜ悩むのか，それは選
択肢の価値がどれも等しいからだ．できる限りの熟考の上でどれ
かの選択がより望ましいならば，それを選べばよいので，悩みは
存在しない．そしてまったく価値が等しいなら，悩むことは無意
味であり，コイン投げで決めてよい．ゆえに悩みは存在しない．
これが私の「無問題」理論でした．

　とは言え，浜の真砂は尽きるとも世に悩みの種は尽きまじ，悩
み多いのが人生です．かく言うこの私も，ああすれば良かった，
あのときこうしていれば，などの後悔でなかなか寝付けない夜が
あります．

　私たちはどうすれば，人生の選択肢をうまく選べるのでしょう．
もしかすると，あなたも私と同じように，各選択肢の得失を表に
したことがあるかもしれません．この方法の原点はどうやらフラ
ンクリン（1706-1790）のようです．

　科学者で経済学者で政治家で，立身出世の神様としてあがめら
れることもあるフランクリンが，プリーストリー[1]からの人生相
談に答えた手紙の中で，「心の代数」という手法を説明しているの
です．

　フランクリンによれば，まず紙の中央に線を引いて二列に分け，
一方に利点を，もう一方に欠点を箇条書きにします．そしてじっ
くりと，各項目の重さを評価する．長所と短所を組み合わせて重
さが釣り合うものがあれば一緒に消していき，残ったもので決断

1）酸素などの気体の発見者として有名な化学者のプリーストリー（1733-1804）．こ
　のエピソードはチップ・ハース，ダン・ハース『決定力！──正解を導く4つのプ
　ロセス』（千葉敏生訳，早川書房）に詳しい．

すればよい，という調子です．

　要するに，各項目に「重み」をかけて合計して比較しなさい，ということですから，「期待値」を計算していることになります．ただし，フランクリンの視点には，未来の不確実性の概念が欠けているようです．私たちの悩みの多くは，未来がどうなるかわからないことにあり，この「重み」に確率が関わってきます．

　問題を確率や期待値で考えることは合理的なのでしょうか．役に立つのでしょうか．後悔を防げるのでしょうか？　まずは，おそらく期待値による意思決定の始まりであるパスカルの議論と，ラプラスによるその批判を見てみましょう．

2.2　パスカル，ラシーヌ，愚かなり

　前章でご紹介したラプラスの『確率の哲学的試論』には，パスカルとフランスの国家的劇作家ラシーヌ（1639-1699）が 1656 年に起きた「奇蹟」を称揚したことを批判した箇所があります．

　この批判はかなり痛烈で，ラプラスは，パスカルがこの奇蹟の必要性を「証明しようとしている理由づけを読むのは痛ましい」，また，ラシーヌがこの奇蹟を「いかに満足げに報告しているかを見るのは悲しい」，とまで書いています．

　この奇蹟とは，パスカルの姪マルグリット・ペリエの病（涙腺瘻）が，キリストの茨の冠の棘とされる聖遺物で目に触れた途端に治った，という事件です．彼女が身を寄せていた修道院は当時，イエズス会から異端として迫害されていて，パスカルはその教義[2] を熱心に信仰していました．

---

2) 17 世紀以降流行した Jansénism（ジャンセニスム，ヤンセン主義）．ラシーヌもこの教義の影響を強く受けていた．

そして，ラプラスはパスカルのこの態度を，パスカルが『パンセ』[3]で論じた有名な「賭け」に結びつけます．パスカル自身は期待値という言葉を用いていませんが，その議論を現代的かつ散文的に書けばこうでしょうか．

まず，神は存在するか，しないかなので，その確率を各々 p，$1-p$ とおく．もし神が存在して，それを信じるならば，無限の幸福が約束されている．一方，存在しないか，存在しても信じなければ，その幸福はたかだか有限である．期待値で比較すると，

$$pE' + (1-p)E'' < p \cdot \infty + (1-p)E = \infty$$

となって，神の存在に「賭ける」べきである．

表 2.1 パスカルの「賭け」

	神は存在する	神は存在しない
神を信じる	∞	E
神を信じない	E'	E''

対し，ラプラスはこの議論を「数字の入った壺から最大の数をひき当てた」という主張の信憑性に翻訳します．問題の形に整理すると以下のようになります．

問題 2.1 1 番から N 番まで N 個の玉が入っている壺からランダムに一つ球を取り出したところ，N 番の玉だった，と主張している人がいる．この主張が正しい確率はいくらか．

---

3) パスカル『パンセ』(前田陽一，由木康訳，中公文庫).

そして，今で言うベイズ推定でこの問題を分析し，これこれに従えば無限の幸福が約束されるという主張は信じられないし，信仰の期待値はその価値と無限に小さい確率との積なのでパスカルの議論も成り立たない，と断じました[4]．

このラプラスの批判はベイズ推定の興味深い応用ではあります．しかし，ラプラスは信仰と信仰を信じることとを混同していますし，また私見では，信仰の問題はまったく個人的で，論理的言語を通じて共有不可能です．つまり，パスカルの議論は倫理的な記述，すなわち詩であると私は解釈します．実際，パスカル自身も『パンセ』のこの議論の箇所で，「理性はここでは何も決定できない」と書いています．

それはさておき，「パスカルの賭け」の重要性は，それが「神を信じるべきか否か」という問題を，確率と期待値という観点で考えようとしたことです．これは確率を自然科学研究の基礎に置いたラプラスに一世紀先んじている上に，応用の対象が個人的な意思決定というソフトな問題です．

人生の悩ましさは，私が選択肢のどれか一つだけを選ばなくてはならないことです．しかし，「賭け」の言葉，つまり確率を用いることで，その選択肢のすべてを一つの状態として考えられるかもしれない．そこがパスカルの着眼点でした．

2.3 精神的期待値と「千両みかん」

確率を用いた意思決定の基本的な道具は，価値とその実現確率の積の総和である期待値です．しかし，この「価値」とは何な

---

4) ヒュームも「奇蹟論」(『奇蹟論・迷信論・自殺論』(福鎌忠恕，斎藤繁雄訳，法政大学出版局)所収)の中で，パスカルとラシーヌの奇蹟信仰を批判している．その議論はラプラスの議論と照応していて興味深い．

か．また，ラプラスの『哲学的試論』を見てみましょう．

ラプラスは確率の定義とベイズ推定について述べた第七原理までに続いて，第八から第十原理の三つで期待値の基本的性質を述べます．興味深いことは，既にこの時点で，人間の問題に期待値を応用するには絶対的な値の他に相対的な値も加味して，「精神的期待値」を考える必要がある，と書かれていることです．

そして，その一般原理は与えられないと述べつつも，D. ベルヌーイ(1700-1782)による以下の原理を最後の第十原理として挙げます．

第十原理　無限に小さい額が持つ相対的な価値は，その絶対値をそれと利害の関わりを持つ人の全財産で割ったものに等しい．

無限小解析の言葉で述べられているのでわかりにくいですが，要するに，相対的な価値 y は絶対的な価値 x の対数 $\log x$ だ，という主張です．つまり，微分方程式 $dy = dx/x$ を数式を用いずに書いたということですね．

現代の経済学の言葉で言えば「限界効用逓減の法則」の一例で，「限界効用」すなわち選択の動機の追加分は，得たものが増えると減少していく，という主張です．これが特に反比例だとする仮定は強すぎますが，近似としてはありえるでしょう．

この「原理」によって，期待値に関するいくつかの有名な「パラドックス」は解決されます．例えば，以下の「聖ペテルスブルグの問題」がそうです．

問題 2.2（聖ペテルスブルグの問題）　公平なコインを繰り返し投げ，n 回目に初めて表が出た時点で 2^n 円の賞金をもらって終了する，というゲームの参加費はいくらが適当か．

このゲームで得られる期待値は,

$$2 \times \frac{1}{2} + 4 \times \frac{1}{4} + 8 \times \frac{1}{8} + \cdots = 1 + 1 + 1 + \cdots$$

の計算から無限大になってしまいますが, この参加費はせいぜい数円がいいところで, いくらでも払いたいと思う人はいないでしょう.

しかし, 金額 X 円の代わりに相対的な価値 $\log X$ を用いれば, この和を有限におさめられます. この問題は期待値のみではなく, より詳細な確率の情報に依存していそうなので, 私はこの論法だけで解決とは思いませんが, ある程度は有効でしょう.

しかし, このような相対的な価値の導入は, それがどのようにして決まるのかという難しい問題を生みます. さらに, この値は各個人によって異なるはずなので, 一般的な理論の構築が非常に難しくなります.

「千両みかん」という落語をご存じでしょうか. 大店の若旦那が季節外れの真夏にみかんが食べたいばかりに病気になってしまいます. 番頭さんが市中を探し回った結果, みかん問屋にたった一個だけ残っていたのですが, 値段は千両だとふっかけられます. 大枚千両払ってそのみかんを買うのですが……という筋で, 古典落語でも屈指の巧妙なサゲが印象的な噺です.

ものの価値は個々人の嗜好や思惑の他, 市場やさまざまな状況から決まります. また, それが合理的である保証はなく, 最近の研究からも, 合理的でない事例が次々に見つかってきています[5].

---

5) 意思決定問題での合理性の意味や, 最近の研究までを明快かつ簡潔にまとめたものとしては, キース・E・スタノヴィッチ『現代世界における意思決定と合理性』(木島泰三訳, 太田出版)がある.

　実際，私たちの一見，合理的な選択には，「千両みかん」のサゲの番頭さんの行動に似たことが，あまりに多すぎるのではないでしょうか．

2.4　モリアーティー教授の追撃

　人生における悩みの多くの原因は人間関係でしょう．問題の要に「相手」がいて，自分も相手もそれぞれの動機に基づいて行動し，その組み合わせによっていろいろな結果になる．私はどう行動すればよいのか．

　特に悩ましいのは，相手がこうくるなら，こちらはこうするが，相手はそれを読んでこうくるから，こちらはこう……という推論に切りがない場合です．

　簡単な例を見てみましょう．フォン・ノイマンとモルゲンシュテルンの著書[6]に出てくる，名探偵ホームズと犯罪界の帝王モリアーティー教授の戦い[7]の分析です．

　今，ホームズはモリアーティー教授の魔手から逃げるため，大陸を目指して列車でロンドンからドーバーに向かっています．もちろん教授はこれを察知し，特別列車を仕立てて追いかけてきますが，その動きを読んだホームズは，カンタベリー駅で途中下車する選択も考慮します．さらに，ホームズに勝るとも劣らぬ頭脳を持つ教授もこれに気付き，どちらを襲撃するかの選択肢に直面します．

　もしホームズがドーバーから大陸へ逃げ切れば安全ですが，ドーバーで襲撃されれば一巻の終わりです．一方，カンタベリーで

---

6) J. フォン・ノイマン，O. モルゲンシュテルン『ゲームの理論と経済行動』(宮本敏雄，阿部修一訳，ちくま学芸文庫).
7) A. C. ドイル『回想のシャーロック・ホームズ』(深町眞理子訳，創元推理文庫)に所収の「最後の事件」による.

逃げられればとりあえずは一服つけますが，ここで捕まってもお仕舞いです．

　二人のこの選択肢を整理すると表2.2のようになります（各マスの数字は左がホームズ，右がモリアーティー教授の利得）．両者どちらから見ても，相手の選択肢に対して，こちらが選んだ選択肢に対して，相手が選んだ選択肢に対して……と堂々巡りです．

表2.2　ホームズとM教授の選択

		M 教授の選択	
		カンタベリー	ドーバー
ホームズの選択	カンタベリー	−2 ／ +2	0 ／ 0
	ドーバー	+1 ／ −1	−2 ／ +2

　しかし，二つの選択肢を「確率的に組み合わせる」というトリックを用いると，最適な組み合わせ方を求めるという方向に進むことができます．

　モリアーティー教授がそれぞれ確率 p と $1-p$ でカンタベリー，ドーバーを選択するならば，ホームズ側からみてカンタベリーで途中下車したときの期待値 E_C とドーバーまで行くときの期待値 E_D は以下のようになります．

$$E_C = (-2)p + 0(1-p) = -2p,$$
$$E_D = 1p + (-2)(1-p) = -2+3p.$$

この二つを比較すると，ホームズにとって，$p > 2/5$ なら E_D の方が大きく，$p < 2/5$ なら E_C の方が大きい．つまり，$p = 2/5$ のときがこの境目です．

　逆にホームズがそれぞれ確率 q と $1-q$ でカンタベリー，ドー

バーを選択するならば，モリアーティー教授側からみて同様の計算をすると，$q = 3/5$ が次の一手を選ぶ境目になります．

これより，ホームズは確率 3/5 でカンタベリーで途中下車し，モリアーティー教授は確率 2/5 でカンタベリーを襲う，という戦略の組は，ホームズと教授の「どちらから見ても，相手がこの手でくると仮定すれば，こちらはこの手でいくより良い手がない」，という意味で安定した組み合わせになっています[8]．

よって，ホームズの「合理的な」戦略として確率 3/5, 2/5 で二つの選択肢 C, D を混ぜるという結論が得られました．もちろん，実際にとれる行動は途中下車するか否かであり，ホームズの 3/5 が途中下車できるわけでもなければ，途中下車するホームズと終点まで行くホームズを重ね合わせることもできません[9]．

現実的な解釈としては，ホームズはかの有名な鹿撃ち帽で即席のくじ引きを作って決断し，また，モリアーティー教授も同様の確率的決断をするだろう，ということになります．

2.5 確率的意思決定の悩ましさ

しかし，この混合戦略の意味は何でしょう．このような追跡劇が毎日繰り返し行われることが決まっているなら，長期(例えば一年)を通じての成績の期待値がベストであるとか，両者ともこの戦略に次第に近付いていくだろう，などと正当化できるかもしれませんが[10]，ホームズとモリアーティー教授の戦いはこれが一回きりの「最後の事件」なのです．

---

8) いわゆる「ナッシュ均衡」である．
9) ここで，二状態を量子的に重ね合わせた「シュレディンガーのホームズ」を想像する読者もいるだろう．実際，量子状態の重ね合わせや量子もつれの効果を考慮した，量子ゲーム理論と呼ばれる分野がある．最もやさしい案内として川越敏司『はじめてのゲーム理論』(講談社ブルーバックス)を挙げておく．

そもそも，確率的混合の意味を別にしても，互いに，相手がこの手でくると仮定するとこちらはこれより良い手がない，というロジックは，本当に合理的で最適な戦略なのでしょうか．また，多数繰り返すにしても，混合戦略に現実的な意味があるのか，最良の戦略なのか，と疑問は尽きません．

未来や，相手の行動や，価値そのものすら，不確実であるにも関わらず，私たちは選択肢のうち，どれか一つを選ばなければならない．どうすれば最善の選択ができるだろうか．これは，古くて新しい，そして非常に難しく，おそらく完全には永遠に解決できそうにない問題です．

しかし，その最も基本的で強力な洞察は，確率と期待値という不思議なレンズを用いれば，ありうる可能性を一つの像に結ぶことができる，ということにあるでしょう．だからと言って，「無問題」理論をもってしても悩みは消えないのではありますが，パスカルの倫理的な決断がヒントになるかもしれません．

---

10) 実際，テニスのサーヴや，サッカーのペナルティキックを題材に，現実の混合戦略の様子を調べる実証研究がある．川越敏司『行動ゲーム理論入門』(NTT 出版)参照.

$$\cdots \cdot \text{✦} \quad 第 3 章 \quad \text{✦} \cdots \cdot$$

確率・長さおよび面積

キャロルの三角形，並行宇宙，確率変数の謎，その他の物語

> （されど）「必然」は，優れたる者も，いと低き者も，みなひとしき法もて，その命運を定める．（籤入るる）占筮の壺はひろく，なべての人の名（を記せし小石）を振りうごかすのだ.
>
> 『歌章』（ホラーティウス，藤井昇訳，現代思潮社），第三巻，1 より

3.1 ルイス・キャロルの三角形

　パスカルは激しい歯痛による不眠のあまり（当時既に興味を失っていたはずの）数学を考えたそうですが[1]，『不思議の国のアリス』で有名なルイス・キャロルこと C. L. ドジソン（1832-1898）も眠れぬ夜に寝床で数学を考え，その成果を本にしています．

　"Pillow Problems"（枕頭問題集）[2] と題されたこの本では，初等的な代数や幾何に混じって確率の問題も含まれていますが，その

---

1) それが第 1 章の脚注 5 で述べた "roulette" の問題である．ジルベルト・ペリエ「パスカル氏の生涯」（『メナール版パスカル全集 第一巻』（白水社）に所収）より．

2) この絶妙の翻訳タイトルはおそらく『枕頭問題集』（柳瀬尚紀訳，朝日出版社）が初出．

中には現代から見て，おかしな問題や珍答が含まれています．と
言うのも，19世紀末当時，ラプラスの「同様に確からしい」式の
「定義」以上には，確率の数学的な取り扱い方が存在しなかったか
らです．以下がそんな問題の一つです．

問題 3.1（枕頭問題集，第58問）　平面上にランダムに選んだ3
点のなす三角形が鈍角三角形である確率を求めよ．

　この問題に対するキャロルの解法は巧妙です．まず，三角形の
最も長い辺 AB に注目せよ．残りの頂点 C は頂点 A, B を中心と
する半径 AB の二つの円盤の共通部分にある．三角形が鈍角三角
形かどうかは，頂点 C が辺 AB を直径とする円の内側にあるかど
うかで決まるので，これらの図形の面積比が答（図3.1）.

　見事な解答に思えますが，よく考えると，「平面上にランダムに
点を選ぶ」とは何を意味しているのでしょう．そもそも，可能な
ことなのでしょうか．

　キャロルの答からしても，この点の選び方は全平面で「一様」
なはずです．つまり，合同な二つの図形の中に点が選ばれる確率
は同じで，また，ある図形の中に点が選ばれる確率はその面積に
比例するはずです．

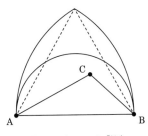

図 3.1　キャロルの「答」

　しかし，合同な図形は平面上にいくらでも置けます．例えば，正方形のタイルで平面を敷き詰められますから，一つの正方形に点が選ばれる確率を $p > 0$ とすると，平面のどこかに点が選ばれる確率はいくらでも大きくなってしまいます．

　とは言え，$p = 0$ だと，平面全体での合計も 0 になってしまいます．どちらにせよ全体の合計は 1（つまり 100%）になりません．

　つまり，「重なりのない図形に点を選ぶ確率は各図形に点を選ぶ確率の和である」と「確率はたかだか 1 である」の二つを守る限り，我々は「一様」には点を選べないことになります．キャロルの問題はそもそも意味がなく，その答もナンセンスなのです．

　平面の無限の広さだけが元凶なのではありません．例えば，長さ 1 の線分にランダムに 1 点を選ぶ，という問題です．長さは有限でも，この線分は無限に多くの点を含んでいますから，ある 1 点を選ぶ確率 p が正でも 0 でも，やはり上と同じ困難にぶつかります．

　実際，キャロルはある教育雑誌[3]に，この線分にランダムに 1 点を選ぶ問題について投稿し，指定された 1 点を選ぶ確率は「ある種の無限小」だと主張して，答は 0 だとする読者たちと（今から見れば不毛な）論争を繰り広げました．

3.2　コルモゴロフの確率空間

　実際，この困難は当時の確率論の限界であり，その解決は 20 世紀に入って 1930 年頃，コルモゴロフ(1903-1987)によってもたらされることになります．

　結論から言えば，確率は面積や長さと同じものだ，という直観は正しかったのですが，「長さ」や「面積」自体に徹底的な反省と

---

3) *Educational Times*, vol. XLI, pp. 245-247(1888).

再構築が必要だったのです.

　これが20世紀数学の大きな成果である, ルベーグ(1875-1941)による測度論(ルベーグ積分論)であり, コルモゴロフはこれを踏まえて「確率とは(有限)測度である」と喝破したことになります.

　では, コルモゴロフによる確率の定義を見てみましょう. 皆さんが測度やルベーグ積分についてご存じなくても大丈夫です. まず, 一つだけ準備として σ-加法族を定義し, 続けて確率の定義を紹介します.

定義 3.1(σ-加法族)　空でない集合 Ω の部分集合の集合 $\mathcal{F}$ が以下の三つの性質を持つとき, Ω 上の σ-加法族と言う.

（1）　$\Omega \in \mathcal{F}$,

（2）　$A \in \mathcal{F}$ ならば補集合 $\Omega \backslash A \in \mathcal{F}$,

（3）　任意の可算個の $A_1, A_2, \cdots \in \mathcal{F}$ に対し $\bigcup_{i=1}^{\infty} A_i \in \mathcal{F}$.

　ここで可算個とは, $1, 2, 3, \cdots$ と番号をつけられる程度の無限のことです. この限定が重要なポイントになります.

定義 3.2(確率空間と確率)　空でない集合 Ω と, その上の σ-加法族 $\mathcal{F}$ と, $\mathcal{F}$ から $[0,1]$ (0以上1以下の実数全体)への関数で以下の二つの性質を満たす $P(\cdot)$ の三つ組 $(\Omega, \mathcal{F}, P)$ を確率空間と言う. また, この $\mathcal{F}$ の元 A を事象, P を確率(または確率測度), $P(A)$ を事象 A の確率と言う.

（1）　$P(\Omega) = 1$,

（2）　可算個の集合 $A_1, A_2, \cdots \in \mathcal{F}$ が互いに共通部分を持たないならば,

$$P\left(\bigcup_{i=1}^{\infty} A_i\right) = \sum_{i=1}^{\infty} P(A_i).$$

　この条件(2)を「可算加法性」，または「σ-加法性」などと言います．この定義のこころは，確率にとって大事なことは，可算加法性と(これは長さや面積の本質でもあります)，0以上の値をとり合計が1であることの，二つだけだということです．

　また，素晴らしい着想は，確率とは，確率を測るもの(確率測度)と測られるもの(事象)をセットにして考えなくてはならない，ということです．どんな集合でも確率を持つわけではなく，性質の良い集合族のメンバに対してしか定義できない．

　簡単な例を見てみましょう．まず一回のサイコロ投げを確率空間で表現するとどうなるか．一つの作り方は，Ω をサイコロの目の可能性の集合 $\{1, 2, 3, 4, 5, 6\}$，σ-加法族 $\mathcal{F}$ をこの部分集合の全体，各目が出る確率を $P(\{1\}) = 1/6$ などで決めれば，この三つ組 $(\Omega, \mathcal{F}, P)$ が確率空間になっています．

　この例は簡単すぎて，確率空間による表現は大げさに思えますが，大事な例です．対象にしたい事象が有限個しかないときは，これとまったく同様に確率空間が定義できることも容易に想像できます．

　もちろん，確率空間が真価を発揮するのは，状況が無限の場合や連続の場合，例えば，線分の上に一様ランダムに一点を選ぶ問題です．

　この場合は，Ω として $[0, 1]$ 区間，$\mathcal{F}$ としてこの上の適当なσ-加法族，そして P として自然な「長さ」の抽象化であるルベーグ測度をとることになります．ここでのポイントは，有限の場合と異なって，Ω の部分集合全体を $\mathcal{F}$ にできないことです．つまり，自然な長さが定義できない部分集合が存在します．

　この $[0, 1]$ 区間上の一様な確率について，ある一点を選ぶ確率は0です．そして選ぶ点がどこでもよい確率は1ですが，矛盾はありません．なぜなら線分は点の非可算集合なので，可算加法性

に反さないのです。一方、有理数は高々加算個なので、有理数を選ぶ確率は $0+0+\cdots = 0$ です。また無理数は有理数の補集合なので $\mathcal{F}$ の元であり、無理数を選ぶ確率は、加法性より、$1-0=1$ です。

　キャロルが考えた無限平面に一様ランダムに点を選ぶ確率はどうでしょう。自然な「面積」に対応するのは2次元のルベーグ測度ですが、残念ながら、一様性から全体の確率を1に抑えることができないので、一様な確率は定義できません。

　この確率空間の定義は、一見は大したものに見えないかもしれません。また、ランダム、でたらめさ、不確実性、などの問題のあまりに多くの部分を切り捨てているように思えますし、実際、それはその通りです。

　しかし、測度論の枠組で、確率が抽象的な集合の上に定義されたこと、そして、コルモゴロフ自身によって同時期に提出された論文で示された、確率過程と解析学との深いつながりの指摘によって、確率論の理論と応用が爆発的に展開されることになりました。

　その一例はランダムな運動であるブラウン運動の構成でしょう。確率空間が登場して、すべての運動の可能性、つまり可能な道の集合の上に有限測度を定義する[4]、という問題に帰着されたとたん、ブラウン運動が測度として定義され、「道の空間」上の無限次元解析学の豊かな理論と強力な応用が花開きました。

　身びいきかもしれませんが、ブラウン運動の定式化から広がった理論と応用は、20世紀最大の数学的業績の一つだろうと私は思います。

---

4) 第1章の問題1.1では、家から学校までのすべての道の集合の上に「同様に確からしい」確率を定義したのだった。

3.3 確率変数とは

確率論を学び始めた人の多くが躓く概念に「確率変数」があります。私自身，高校生のとき「確率・統計」の教科書で確率変数に出会ったときは，まるで理解できませんでした。サイコロの1の目を数1に対応させることを確率変数と言います，なんて調子でしたので，まったく無用に思えたくらいです。

また長じて，確率変数とは確率空間上の可測関数のことです，と習ってからも，当たり前すぎて，大事さがなかなか実感できませんでした。

しかし，実際のところ確率変数は，確率空間の上に確率的な問題を記述する巧妙な仕組です。まず，その定義を見てみましょう。

定義 3.3（（実数値）確率変数） 確率空間 $(\Omega, \mathcal{F}, P)$ に対し，Ω から $\mathbb{R}$（実数全体）への関数 X が，任意の $\lambda \in \mathbb{R}$ について，$\{\omega \in \Omega : X(\omega) \leq \lambda\} \in \mathcal{F}$ を満たすとき，この確率空間上の確率変数であると言う。

この定義は，確率変数が Ω に定める部分集合は事象でなければなりません（可測性），と言っているだけで，まあ，当たり前ではあります。

しかし，これは現代的確率論の定式化の妙なのです。その様子をまたサイコロ投げで見てみましょう。今度は確率変数を使って，しかも2通りの方法で定式化します。

第一の方法では，先ほどと同じ確率空間をとります。そして確率変数 X を Ω から実数への関数として，$X(\mathbf{1}) = 1$, $X(\mathbf{2}) = 2$, $\cdots$, $X(\mathbf{6}) = 6$ で定めます。サイコロの目が λ 以下であるような部分集合

$$\{\omega \in \Omega : X(\omega) \leqq \lambda\} \subset \Omega$$

は $\mathcal{F}$ の元ですから，たしかに X は確率変数です．

　この確率変数を通じて，「3 以下の目が出る確率はいくらか」という問題を，$X \leqq 3$ である確率はいくらか，つまり，$P(\{\omega \in \Omega : X(\omega) \leqq 3\})$ を求める問題として表現できます．つまり，確率変数とは確率の問題を確率空間の上に書くための仕組です．

　この機能を意識すると，確率空間と確率変数の仕事を切り分けたくなります．上の方法では確率空間がサイコロの目から作られていることが不満です．

　そこで第二の方法では，Ω を任意の集合にとります．この Ω は十分に大きい必要はありますが，何の構造も持たない勝手な集合です．そして，確率変数 X はこの Ω から実数への関数で値域が $\{1, \cdots, 6\}$ であるものとします．

　すると，X によって各 $\{i\}$ にうつるような Ω の元の集合 A_i として，Ω の部分集合が作られ，またその和集合の全体で σ-加法族が構成でき，$P(A_i)$ の値を決めれば，確率空間が構成できます．

　もちろんどちらの方法でも数学的には同じですが，第二の方法では，確率変数 X はサイコロ投げの問題を定めることに，確率空間はランダムネスを提供することに専念しています．この仕事の切り分けが魅力です．

　若干 SF 的ではありますが，この方法は次のようにも解釈できるでしょう．Ω は起こりうる世界すべての空間で，その 1 点を指定すると，一つの確定的世界が決まります．そして，確率変数はその世界で何に注目するか（例えば，今から投げるこのサイコロの目）を定めます．

　さまざまな宇宙が並列しているすべての可能性の世界のうち，これからサイコロを投げて 1 が出る世界が占める割合（確率測度）

が, サイコロ投げで **1** の目が出る確率だ, というわけです.

どちらの方法でも, 確率変数とは確率空間の上に特定の問題を記述する「仕掛け」であって, その本質は確率空間と問題を結びつける可測性にあります.

ちなみに, 確率空間の構成の仕方は確率論の研究者によりけりで, 第一の方法と第二の方法の間のグラデーションから, 場合に応じて都合良く選ぶ柔軟な方もいれば, 特定の方法にこだわる方もいるようです.

3.4 確率空間と確率変数の未来

確率空間上に確率変数で問題を設定する枠組は数学的確率論の基盤で, 数学的には何の問題もないのですが, すっきりしない部分があるように思います. 何人かの確率論研究者からも同様の心持ちを聞いたことがありますので, これは私だけのことではないようです.

もちろん, 確率変数とは確率空間上の可測関数にすぎないのですが, その居心地の悪さは, 確率空間ありきのはずなのにその定義から遊離して, 確率変数が主人公として振る舞うことにあるような気がします.

例えば, 上で見たサイコロ投げの例でも, 確率変数から事象や σ-加法族や確率を作りました. 確率空間より先に確率変数があって, そこから確率空間を作ったのに, あとから振り返って, 確率空間ありき, と澄ましている感じがします.

また, 確率的な問題を研究していると, 問題の都合で, 確率変数をそのままに確率空間を取り替えることがしばしばあります. これも, 論理的には問題ありませんが, 何だか奇妙です.

例えば, 私は名著『確率微分方程式』[5] で初めて確率微分方程式を勉強したのですが, その解の定義はかなり変だと思いました.

確率微分方程式とは，時間 t に依存して変化していく確率変数 X_t に関する微分方程式で，典型的な形は以下のようなものです.

$$dX_t = b(X_t)dt + a(X_t)dB_t.$$

　右辺の第一項は時間の微分で普通の微分方程式と同じですが，第二項はブラウン運動 B_t の「微分」です．ブラウン運動の経路は微分不可能なので，通常の意味の微分ではありませんが，ここでは気にしないでおきましょう.

　問題はこの解の定義が，方程式を満たす X_t というだけではなく，この方程式を満たすようにブラウン運動や確率空間自体を適当に構成することまで含んでいることです．これが納得できませんでした.

　しかし，数学は「慣れが理解」の面がありますね．だんだんとそういうものかと感じられるようになり，またそこが醍醐味でもあり，腕の見せ所だと思うようにもなりました[6].

　とは言え，やはり確率変数はどこかすっきりしません．宙に浮いているようなのに普遍的なもの．この印象からすると，ちょっと数学を知っている人なら,「圏論を使えばよいのでは？」と思いつきます.

　実際，圏論の言葉で確率変数を定義する試みが出てきていますし，応用面の動機から確率空間の圏を考えるような研究もあります．しかし私の知る限りでは，圏論を使うご利益がさほどでもなく，現状では標準理論を置き換えるには不十分なようです.

　私個人は確率空間と確率変数の単純と巧妙を愛しながらも，も

---

5)『確率微分方程式』(渡辺信三，産業図書)，p.86，定義 1.2．ちなみに，確率微分方程式には「強い解」，「弱い解」の他，いろいろなレベルの解の概念がある.

6)『数学的センス』(野﨑昭弘，日本評論社／筑摩書房(ちくま学芸文庫))が「センスとは『ただ足ることを知る』こと」だと述べているのは，この呼吸か.

し圏論を導入して面白い結果が出るなら素敵だなあ，と思っている程度ですが，ひょっとしたら皆さんの中から，確率論の基盤を作り替える方が現れるかもしれませんね.

3.5 おまけ：読者への挑戦

問題 3.2 本稿冒頭の問題 3.1 に，確率空間による解釈とその答を与えよ[7].

---

7) この問題に唯一正しい答はないが，解答例として，現時点で筆者が一番もっともらしいと思っている S. Portnoy による答(projecteuclid.org/euclid.ss/1177010497)を挙げておく.

第 2 部

意 味

第 **4** 章

天才フォン・ミーゼス閣下の蹉跌

謎のコレクティヴ, ポワソンのごまかし, ミッシングリンク, その他の物語

> 「一昨日, モンテ・カルロの二番の賭博台じゃ, 朝の八時か
> ら夜の十二時までの間にこんな順序で目が出たんです. 昨
> 日からこれを読ましてシステムの実験をしているんです. これ
> でやりゃ, なにしろ向うで出た目の通りなんだから, 賭博場
> へ行ってやるのと変りゃしないんです.」
>
> 久生十蘭「黒い手帳」
> (『久生十蘭短篇選』(川崎賢子編, 岩波文庫)所収)より

4.1 天才の大ポカ

たしか, ショックレー[1]の言葉だったはずですが, 科学分野で
は論文の質と量がほぼ比例する, とのことです. 自然科学の研究
には, 精力的に生産する中でしか大事なことが見つからない, と
いう側面がありそうですし, もっともらしい気はします. (数学
ではどうでしょう?)

---

1) 物理学者 W. B. ショックレー Jr.(1910–1989). トランジスタの発明者.

多作の結果，天才の業績の中にも凡作や失敗作が，しばしば含まれることになります．通常，業績はその中の最高の仕事で評価されがちですが，はっきりした駄作や間違いすら興味深いものです．喩えれば，一枚の織物の中で，調子の狂った部分が全体に調和と個性を与えていることがあるように．

フォン・ミーゼス（1883-1953）の名前[2]を知ったのは大学院生の頃でしょうか，何かの折に先生から，確率の定義をいろいろ考えたようだが数学的にはよくわからない，と聞いた程度だったと思います．

確率論の数学的基礎が固まっていない頃には，ミーゼスが提唱した確率の「定義」についてかなり議論されたそうです．しかし，コルモゴロフによる確率空間の登場と，同時期に提出された論文で示されたその圧倒的なパワーに対して，ミーゼスの試みは影が薄くなっていきました．

実際，ミーゼスの業績の中では，確率の基盤に関する仕事は失敗とされているようです．例えば，数学者のオストロフスキによれば，「彼（ミーゼス）の活力に溢れた強い個性のおかげで，ときにおかした大ポカもどうにか寛大に許されていたし，**彼の確率理論すらも大目に見てもらえた**」[3]とのことです．

それに数学の世界では，確率論と統計学を除けば，彼の名前を知っている人すら少ないでしょう．しかし，科学や工学の世界ではかなり有名です．

例えば，最も知られた仕事は「ミーゼス応力」でしょう．一般にはテンソル場で表現される応力をスカラー場に書く工夫で，重

---

2) 著名な経済学者のフォン・ミーゼスは別人だが，実の兄弟．
3) *Historia Mathematica*, **20**, pp. 364-381 (1993).（日本語訳と太字強調は著者（原）による．）

要な業績だそうです．静力学以外にも流体力学や航空工学など，連続体力学の基礎と応用を中心に幅広い分野で活躍しています．

　統計学の分野でも，ベイズ推定の事前分布と事後分布の漸近的独立性を示した「ベルンシュタイン–フォン・ミーゼスの定理」，分布関数の適合度を判定する「クラメル–フォン・ミーゼスの判定法」，周期性を持つ分布の代表例「フォン・ミーゼス–フィッシャー分布」などに名前が残っていて，どれも重要な仕事です．

　ミーゼスの活躍した分野の広さ，深さからして，超一流の応用数学者であることは間違いありませんし，天才と言っても過言ではないでしょう．

　そんなミーゼスが確率の基礎づけのため提唱したのは「コレクティヴ」という概念でした．ミーゼスはこのアイデアを 1919 年に論文として発表してから[4]，数々の反論にもめげず精力的に論陣を張り，一般向けの解説書 "Probability, Statistics and Truth" も書きました（初版はドイツ語 1928 年，英語訳 1939 年出版．最終版の第三版は 1951 年）[5]．

4.2　謎のコレクティヴ

　ミーゼスは確率が定義できる対象として，膨大な量のデータの集まり，または（無限に）繰り返される実験のデータを照準に定めて，以下のようにコレクティヴを「定義」しました[6]．

定義 4.1　コレクティヴとは現象の集団または観測の無限列で，

---

4) *Mathematische Zeitschrift*, **5**, pp. 52-99 (1919).

5) この時期はコルモゴロフの確率空間の定義が発表された頃に前後していることに注意されたい．

6) 英訳 "Probability, Statistis and Truth" の「第一講義：確率の定義」の章末「要約」より（日本語訳は著者（原）による）．

以下の二つの条件を満たすものである：

（ⅰ）　その特定の属性の相対頻度はある極限に収束し，

（ⅱ）　この極限は（抜き出す）場所の選択に依存しない．

　簡単な例で説明してみましょう．あるコイン投げの結果を表を 1，裏を 0 と書いて表せば，例えば，以下のように無限に続く列になります．

$$0, 1, 1, 1, 0, 1, 1, 0, 0, 1, 0, 1, 1, 1, 1, 0, 1, 1, 0, 1, \cdots$$

　これがコレクティヴの例です．コレクティヴはこの特定の一実現列であることに注意してください．他にもありうる可能性の集まりではありません．そこがコルモゴロフの確率空間との決定的な違いです．

　「頻度の極限を持つ」とはどういうことか．上の例の列で最初の 10 回で表が出る割合，つまり「表」という属性の頻度は 6/10 ＝ 0.6 です．また，最初の 20 回での頻度は 13/20 ＝ 0.65 です．さらに，100 回，1000 回と計算していくと，ある極限に収束することを，コレクティヴの性質として要請します．

　この極限値はこのデータ（コレクティヴ）と属性に特有の量で，その値は先験的には未知です．つまり，我々は観測したデータ（の一部分）から，この値に収束しそうだ，と帰納的に推理できるだけです．

　次に「場所の選択に依存しない」とはどういうことか．それは，この列からどんな部分列を抜き出しても，頻度の極限値が変わらないことです．例えば，偶数番目だけを抜き出した列についても，「表」の頻度はもとの列と同じ極限値を持つことを要請します．

　これがコレクティヴの「定義」で，コレクティヴに対しては頻度の極限値によって，属性の「確率」を定義します．また，ミー

ゼスはコレクティヴに対する4種類の操作を整理し，これらだけで応用上すべての確率の問題は記述できるとしました．

　これを数学にするのはかなり難しそうですが，少なくとも，ミーゼスが確率に求めていることはわかります．まず第一に，客観的な確率の定義は観察データから計算する頻度でしかありえない．つまり，その頻度（の極限）が決まる必要がある．

　第二に，確率的な現象の重要な特徴は，予測が不可能なことに起因する一様性である．つまり，どのようにその部分を抜き出してみても，頻度の極限は一定という安定性を持っている，というわけです．

4.3　大数の法則はインチキか？

　現代の数学的確率論の立場からすると，コレクティヴの二つの性質はどちらも奇妙に思われます．まず，「頻度の極限を持つ」という要請については，大数の法則を定義に含めているように見えることが，何だか変です．

　前章でご紹介した確率空間と確率変数の枠組みでは，以下のように大数の法則を記述します．ある確率空間 $(\Omega, \mathcal{F}, P)$ の上で定義された確率変数の列 $X_1, X_2, \cdots$ を考えます．各 X_i は独立で同分布，例えば，$P(X_i = 1) = p$ のように1の値をとる確率を p，0をとる確率を $1-p$ としましょう[7]．

　これらに対し，$n \to \infty$ のとき以下の関係が成り立つ，という主張が大数の法則です．

$$\frac{X_1 + \cdots + X_n}{n} \to E[X_1] = 1 \cdot p + 0 \cdot (1-p) = p.$$

---

7) このような無限個の独立な確率変数を同じ確率空間の上に構成できるのか，というテクニカルな問題があるが，事実，例えば $\Omega = [0,1]$ 区間上で可能である．

　この収束の意味はいろいろ考えられますが，いずれにせよポイントは，$X_1, \cdots, X_n$ のとりうる値のうち，その圧倒的多数では平均値が期待値に非常に近い，という数学的定理であることです．この「(可能性の中の)圧倒的多数」という性質は，測度の概念を用いて正しく数学の言葉で記述されます．

　一方，ミーゼスはこのような極限があることを1サンプル列の定義にしてしまいます．当然，この列については「大数の法則」(?)が自明に成立します[8]．これは論理的な間違いではないものの，多くの数学者は，筋が悪いと思うのではないでしょうか．

　しかし，ミーゼスにも言い分があります．数学的な大数の法則は現実のコイン投げについて何も言えない，と断じるのです．現実のコイン投げの一実現列は，膨大な可能性の中の一例でしかありません．なぜ，大数の法則はこのたった一つの例から，そのコイン自体の確率を導けるのか？

　大数の法則の原点はポワソン(1781-1840)にあるのですが，このポワソンからごまかしが始まっている，というのがミーゼスの主張です．これは数学史的にも興味深く，それなりに鋭い指摘でもあります．

　ポワソンは確率に関する有名な文献[9]で，「同様に確からしい」式の初等的な確率論を用いて，上で述べたような極限定理を数学的に証明しました．ポワソンはこれを「大数の法則」と呼んでいます．

　一方，ポワソンは同じ文献の導入部で，経験的現象が「大数の

---

8) ミーゼスは，頻度の極限の存在要請(i)自体を「大数の第一法則」と呼んだ．いわゆる大数の法則は，この第一法則と要請(ii)の二つから導かれるとして第二法則と呼び，ベイズ推定を第三法則とした.

9) S. D. Poisson "Recherches sur la probabilité des jugements en matière criminelle et en matière civile"(1837).

法則」とでも呼べる一般的法則に従うようであり，それは非常に多くの同様の事象から導かれる比が実質的に定数にとどまるという法則だ，とも述べています．

　つまり，ポワソンは同じ文献の中で，このような経験的な比（頻度）に関する法則のことも，先験的な確率に関する数学的定理のことも，同じ「大数の法則」という名前で呼んでいるのです．しかし，この二つを結びつける論理的な説明はありません．

　ミーゼスに言わせれば，これは二つの「大数の法則」を混同するインチキであり，ポワソン流の大数の法則の証明で確率的現象を理論づけたように考えている人たちは，この混同を踏襲しているのです．

　言い掛かりのような気もしますが，どうしたら現実の頻度の性質を先験的な確率から導けるのか，というミーゼスの疑問は簡単には無視できません．ミーゼスはこのリアルな「確率」に迫ろうとしたわけです．

4.4　ランダム性とは何か？

　ミーゼスは第二の要請「場所の選択に依存しない」ことを，「ランダム性」とも呼んでいます．集合からどんな部分集合を抜き出しても，数列からどんな部分列を取り出しても，同じような性質を持っている，ということはたしかにランダムを意味しているようです．

　また，この性質が仮定できるならば，頻度主義的な統計的推論に根拠を与えてくれそうです．そもそも，どうして母集団の性質がその一部の標本だけから推定できるのでしょう（上の大数の法則をめぐる議論も思い出してください）．それが性質として保証されているのがコレクティヴだ，というわけです．

　しかし，そんな性質がありえないことも明らかです．0, 1 の列

からどんな部分列を取り出しても，1 の出現頻度がいつでも 1/2 になるようにできるかといえば，もちろん不可能です．そもそも 1 だけを抜き出した部分列があるのですから．

　ミーゼスは，そういう後知恵による部分列ではなく，「公式」に従って抜き出すような部分列だけを考えるのだと言います．例えば，以下の例はどうでしょう．

問題 4.1　以下の数列はランダムか？

（ a ）　$0, 1, 0, 1, 0, 1, 0, 1, 0, 1, 0, 1, 0, 1, 0, 1, \cdots$

（ b ）　$0, 1, 0, 0, 1, 1, 0, 0, 0, 1, 1, 1, 0, 0, 0, 0, \cdots$

（ c ）　$1, 1, 0, 1, 1, 1, 0, 0, 1, 1, 1, 0, 1, 1, 1, 1, \cdots$

　一つ目の数列は 0, 1 が交代して出現する列なので，1 が出現する頻度の極限は 1/2 ですが，偶数番目を抜き出した部分列には当然ながら 1 しか現れません．

　二つ目の例は，0 と 1 が 1 つずつ，次は 2 つずつ，次は 3 つずつ，と続いていく例です．証明に一手間かかりますが，この列の 1 の出現頻度の極限も 1/2 です．しかし，$n(n+1)$ $(n = 1, 2, \cdots)$ 番目を抜き出した部分列はすべて 1 になります．

　第三の例は，かなりランダムらしく見えますが，この列は円周率の各桁を奇数なら 1，偶数なら 0 と書いたものです．この 1 の出現頻度は実はわかっていませんが，1/2 だろうと信じられています[10]．また，円周率は具体的に計算できるので，1 だけを抜き出すような「公式」を書くことが可能です．

10）（N 進法で）無限小数表示したとき各数字の出現頻度が同じ実数を（N 進）正規数と言う．ボレル（1871-1956）によれば正規数でない実数のルベーグ測度は 0，つまりほとんどすべての実数は正規数だが，自明でない具体例はほとんど知られていない．

　ミーゼスによれば上の例はどれも、「公式」によって抜き出した部分列がもとの列と異なる頻度の極限を持つので、ランダムではないことになりそうです。ランダムとは、このような「公式」で抜き出す限り、頻度の極限が変わらないことだ、と言うのです。

　これはもっともらしい理屈ですが、この論法を数学にするのはかなり難しいだろうことも想像されます。なぜなら、この「公式」とは何なのか、数学の言葉で定義する必要があるからです。

　また、複雑さの程度の問題もあります。例えば、円周率の各桁の数を表す「公式」は存在するとは言え、かなり難しく、その難しさはランダム級かもしれません。

　確率的現象の本質に、「確定的な方法で確実には予測できない」ということがあるのは確かです。それを論理的に表現しようとしたのがこの要請なのでしょうが、どうも無理筋に見えます。

　その原因は、ただ一つのサンプルについてランダム性を記述しようとすることです。これは偶然や可能性ではなく、むしろ、その一サンプル特有の複雑さのようなものを記述することになり、少なくとも当時、そのための適切な道具がありませんでした。

　この問題の自然な解決法の一つは、特定のサンプルではなく可能性の全体を基礎にすることで、これがコルモゴロフの確率空間の定義につながります。

　この場合には予測不可能性を、過去の情報(σ-加法族)を知っても未来の(条件つき)期待値が変わらない、というように数学の言葉にできます。これがマルチンゲールの概念で、現代的確率論の礎石の一つです。

　しかし、ミーゼスのランダム性の要請は、マルチンゲールでは言い尽せていないものを含んでいることは間違いありません。私達は可能性のうちのただ一つのサンプルしか経験できないのですから。

4.5　確率と統計のミッシングリンク

　ミーゼスが確率の定義を巡って活動した時期は，フィッシャー（1890-1962），ネイマン（1894-1981），カールとエゴンのピアソン父子（1857-1936，1895-1980）らによる頻度主義的な統計的推測のアイデアが登場し，広まった頃でもあります．

　確率論の応用としての統計学の観点から見れば，ミーゼスの確率概念は，頻度主義的な推論における理論と実際を結ぶ最後のリンクをコレクティヴの概念で整理しようとしたものだと考えられるでしょう．

　ミーゼスの主張では，統計的推測の妥当性を巡る謎はすべて，対象のデータ群がコレクティヴか否かの問題にすぎません．そして，それは経験的（"empirical"）な方法でしか判断できないとします．しかし，その経験的な方法による帰納的推理が，どんな論理で保証されるのか，よくわかりません．

　その後，頻度確率に基づく統計理論は精緻化され，自然科学における推論方法の標準になりました．そして今は逆に，主観確率を基礎にした理論への揺り戻しの時期に入っているようですが，それでも統計的推測の根拠をめぐる議論は続いています．

　ミーゼスは，確率の理論と応用の両面における問題の本質を見事に抽出しました．しかし，その肝心の問題をカーペットの下に掃きこんでしまっているように思えます．またその扱い方も，数学者から見てどうにも筋が悪いのも確かです．

　その理由はおそらく，科学者が自然現象にアプローチする態度と，数学者が概念を定義する態度の違いなのではないか，と私は考えます．実際，ミーゼスは最終版の "Probability, Statistics and Truth" の中で，自分の理論は，形式的数学の外側にある問題を明確にしようとするものだ，と強調しています．

　ミーゼスは，現象を観察し，帰納的に推理し，限定された枠組みにおいて，その本質を抽象化し命名する，という意味では，非常に鋭いことを言っていると思うのです[11]．つまり，ミーゼスは優秀な応用数学者であり，科学者でした．

　また，ミーゼスが確率論に果たした役割は決して小さくありません．ミーゼスが抽出した確率のエッセンスに対する数学者からの回答，もしくは反論が，例えば，確率空間であり，マルチンゲールであり，また，コルモゴロフのもう一つの偉大な業績である「複雑度（complexity）」である，とも考えられるからです．

　確率とは何なのか，ランダムであるとはどういうことか，まだわからないこと，数学に落とし込めていないことがたくさんあります．コレクティヴ理論は本当に失敗作だったのでしょうか．コレクティヴの可能性はまだ汲み尽せてはいないのかも．そんなふうに感じるのも，天才の失敗の所以でしょうか．

---

11) 例えば，「重力」や「エネルギー」のような物理学的概念を思い浮かべるとよいかもしれない．

でたらめという名の規則

反規則性, コルモゴロフ再び, ポーの少年と緋牡丹のお竜, その他の物語

> 「彼女, 例の, コンピュータが人間のように行動するっていう
> 考えに, 何というか, とりつかれていたらしいんだ. よせばい
> いのに, おれ, 言っちゃったのさ, それを逆にしたっていいじゃ
> ないか, 人間の行動が IBM の機械にフィードされたプログ
> ラムみたいだってことを論じたらどうだって.」
>
> ピンチョン「エントロピー」(『スローラーナー』
(トマス・ピンチョン, 志村正雄訳, 筑摩書房)所収)より

5.1 反規則性としてのランダム

　私たちがランダム, 確率, 偶然, でたらめ, など, さまざまな
言葉で表そうとする概念には, いろいろな意味が含まれているよ
うです. そのうち, コルモゴロフの確率空間で捉えられていない
ものは何か?

　おそらく, 一番に挙がる候補は, 反規則性としての「でたらめ
さ」でしょう. 私たちはどこにでも無意識にパターンを見つけて
しまうものですが, 対象にパターンらしいパターンがないとき,

それを「ランダムだ」とか，「でたらめ」などと言います．

　このでたらめさは確率空間が表している確率概念ではないような気がします．しかし，無関係ではないことも，コイン投げを想像してみるとわかります．

　例えば，以下の(i)のような0, 1の列は，コイン投げの結果を，表を1，裏を0で書いたものだ，と聞けば納得する人が多いでしょう．その逆に，(ii)がコイン投げの結果だとしたら，驚く人がほとんどのはずです．

（ⅰ）　0, 1, 1, 1, 1, 0, 0, 1, 0, 1, 1, 1, 0, 1, 0, 0, 1, 1, …
（ⅱ）　0, 0, 1, 1, 0, 0, 1, 1, 0, 0, 1, 1, 0, 0, 1, 1, 0, 0, …

　つまり，規則性のアンチとしてのランダムは確率空間で直接には捕まえられてはいないが，密接に関係しているらしいことが想像されます．この問題を数学的に考えるため，まず，前章でご紹介したフォン・ミーゼスの試みを思い出しましょう．

　ミーゼスは，確率とは「コレクティヴ」に対して定義されるもので，コレクティヴとは頻度の極限が存在し，かつ「ランダム」な列または集合だとしました．そしてランダムとは，どのような部分列または部分集合についても，頻度の極限が変わらないことだと主張したのでした．

　しかし，このランダムの定義は数学的には，ナンセンスです．例えば，0と1の無限列で1が現れる頻度の極限が1/2であるものを考えることは容易ですが，それがどんな列でも，1のところだけを抜き出した部分列の1の頻度はもちろん1（≠ 1/2）です．

　この明らかな反論に対してミーゼスは，「公式」で表せるような部分列だけを考えるのだ，と言い訳をしたわけです．ランダムとは公式で表せないことだ，というもっともな理屈ですが，その公

式とは何なのか，よくわからないのが泣き所でした．

　ミーゼスの確率概念はさまざまな批判を受けたあげく，おおむ
ね忘れられていきました．その主な理由は，コルモゴロフの確率
空間による定式化とその成功でしょうが，一方，1960 年代に反規
則性としてのランダムネスが，アルゴリズムや計算複雑性の言葉
で明確に定義されたことも大きいと思います．

　そして，この立役者の一人がまたコルモゴロフでした．コルモ
ゴロフのもとでアルゴリズム的ランダムネスを研究したマルティ
ン=レーフ（1942- ）のランダムネスの定義は，ミーゼスの直観の
定式化の意味を持っています．

　以下では，マルティン=レーフのランダムネスよりは直接的で
わかりやすい，「コルモゴロフの複雑度」[1] を見てみましょう．

5.2　計算とは何か

　私たちが「公式」や「規則性」の語で漠然と表していた，ある
種の数学の仕方を数学の言葉にしなければならないことになりま
した．数学を数学にする，というところがなかなか難しそうです．

　しかし，20 世紀に入って数学そのものの基礎づけの重要性が認
識されたことから，「計算」とは何か，計算ができるとはどういう
ことなのか，計算の難しさとは何なのか，などの問題意識も数学
の世界に入りこんできました．

　この発展は多くの分野に広がりましたし，その過程にも紆余曲
折がありましたので，その解説は到底私の手に負えません．しか
し，本章のテーマに即して言えば，1930 年代頃に，計算可能とは
「（部分）帰納的関数」[2] で表せることだ，という認識に到達したこ

---

1) コルモゴロフの他，チャイティン（1947- ）とソロモノフ（1926-2009）も同時期，同
　概念をそれぞれ独立に発表している．

とがポイントだと思います.

　まず, この部分帰納的関数を定義しましょう. 部分帰納的関数とは大まかに言えば, 自然数 $\mathbb{N}$ (の組)から $\mathbb{N}$ への写像で「コンピュータ」によって計算可能なものです. これを数学的に記述するため, まず, その構成部品になる基本関数を用意します. 基本関数とは以下の三つだけです.

- 常に 0 を返す定数関数,
- x に対して $x+1$ を返す関数[3],
- $(x_1, \cdots, x_n)$ と添え字番号 i に対して x_i を返す射影関数.

　さらに, この基本関数たちから関数の合成と「帰納法」を有限回だけ用いて定義できるものを原始帰納的関数と呼びます. この名前からわかるように帰納法がポイントなので, 数学的な記法で書いておきましょう.

　帰納法とは, n 変数の関数 $f: \mathbb{N}^n \to \mathbb{N}$ と $n+2$ 変数の関数 $g: \mathbb{N}^{n+2} \to \mathbb{N}$ によって, $n+1$ 変数の関数 $F: \mathbb{N}^{n+1} \to \mathbb{N}$ を, 初期条件 $F(\boldsymbol{x}, 0) = f(\boldsymbol{x})$ と, m 番目を用いて次の $m+1$ 番目を定義する

$$F(\boldsymbol{x}, m+1) = g(\boldsymbol{x}, m, F(\boldsymbol{x}, m))$$

によって定めることです. ここで, $\boldsymbol{x} = (x_1, \cdots, x_n)$ と略記しました.

　この原始帰納的関数はまだ非力なので[4], 関数の合成と帰納法

---

2) もしくは, それと同等の概念. うち, 特に重要なものに「チューリング機械」がある.

3) 一般の足し算 "$+$" が定義されていない以上, 厳密には「その次の」自然数を返す関数. これを「後者関数(successor function)」などと言う.「後者」の概念は自然数の本質の一つ.

の上に，もう一つの武器として「繰り返し」も追加したものが，問題の部分帰納的関数です．

　ここで繰り返しとは，コンピュータのプログラムで言えば，「条件つきループ」に当たります．つまり，ある条件が満たされるまである操作を繰り返しなさい，という手続きです．そして，これも上の帰納法と同様に集合と写像の言葉で記述できます[5]．

　ただし，入力によってはこのループの条件が永遠に満たされないこともありえます（無限ループ）．よって，原始帰納的関数と異なり，部分帰納的関数は $\mathbb{N}^n$ 全体を定義域に持つとは限りません．

　しかしおかげで，部分帰納的関数は広い範囲の計算をカバーし，実は，コンピュータのプログラムの能力に等しいことがわかります．基本関数があまりに素朴なので，これは意外なことですが，帰納法とループの組み合わせは素晴しく強力なのです．

　計算とは単純な記号操作をルール通りに繰り返す手続きだ，という認識は，見かけ以上に深い意味を持っています．と言うのも，計算とは（人間の）知性，思考力，意識の反映である，という従来の考え方に反省を迫ることになるからです．

　このように，機械にも「考える」ことができるのではないか，さらには，このような無知性が知性の正体なのではないか，という画期的な発想がチューリング（1912-1954）たちによって生まれ育っていきました．

5.3　コルモゴロフの複雑度

　閑話休題（それはさておき），コルモゴロフの複雑度を定義する準備は大体終わり

---

4) とは言え，かなりのことができる．例えば，足し算やかけ算を原始帰納的関数で
　　定義してみよ（演習問題）．
5) 例えば，『確率と乱数』（杉田洋，数学書房）の定義 2.3（μ-作用素）を参照．

ました．ミーゼスのランダム性で曖昧に使われていた「公式」の
ような概念が，部分帰納的関数という数学の言葉で述べられたわ
けです．コルモゴロフは部分帰納的関数を「アルゴリズム」と呼
びました．

今，0 か 1 の有限列全体を $\{0,1\}^*$ と書くことにしましょう．目
標はこの元 $s \in \{0,1\}^*$ に対して，その複雑さを定義することです．
0 か 1 の有限列は二進法表示を通じて自然数と一対一に対応する
ので，部分帰納的関数 $A: \{0,1\}^* \rightsquigarrow \{0,1\}^*$ を考えることができま
す．

ここで，記号 "$\rightsquigarrow$" は，A の定義域が $\{0,1\}^*$ 全体とは限らず，そ
の部分集合かもしれないことを強調するために用いました[6]．こ
のアルゴリズム A を用いて s の複雑度に迫ろうというのがアイ
デアです．

まず，あるアルゴリズム A の下での複雑度を以下で定義しま
す．ここで $\|q\|$ と書いたのは記号列 q の長さ，つまり，$q \in \{0,1\}^n$ となる自然数 n です．

定義 5.1 部分帰納的関数 $A: \{0,1\}^* \rightsquigarrow \{0,1\}^*$ と列 $s \in \{0,1\}^*$ に
対し，

$$K_A(s) = \min\{\|q\| : q \in \{0,1\}^*, \ A(q) = s\}$$

のことを，アルゴリズム A の下での s の複雑度という．（右辺の
集合が空集合のときは，$K_A(s) = \infty$ と約束．）

その記号列を出力するために必要なプログラムの長さで，記号

---

[6] もし定義域が $\{0,1\}^*$ 全体ならば，このアルゴリズムは任意の入力に対し答を返せ
ることになるので，この差は重要である．

列の複雑さを定義しよう，というわけですね．ただし，これは特定のアルゴリズムに依存した量ですから，普遍的な定義になっていません．そのためには，どんなアルゴリズムを用いても，という形で定義を述べる必要があります．

そこで，以下の概念を用意します．これは実際，やや思いがけない事実を述べた重要な定理ですが，証明は省略させてください[7]．

定理 5.1（万能アルゴリズムの存在）　任意の部分帰納的関数 A：$\{0,1\}^* \rightsquigarrow \{0,1\}^*$ に対し，ある定数 $c(A, A_0) \in \mathbb{N}$ を用いて

$$K_{A_0}(\boldsymbol{s}) \leqq K_A(\boldsymbol{s}) + c(A, A_0), \qquad \boldsymbol{s} \in \{0,1\}^*$$

となるような，（A によらない）部分帰納的関数 A_0 が存在する．

この A_0 を「万能アルゴリズム」と呼びます．この A_0 を用いて，いよいよコルモゴロフの複雑度を定義します．

定義 5.2（コルモゴロフの複雑度）　万能アルゴリズムを一つ固定して A_0 と書く[8]．このとき，$K(\boldsymbol{s}) = K_{A_0}(\boldsymbol{s})$ のことを $\boldsymbol{s} \in \{0,1\}^*$ の（コルモゴロフ）複雑度と呼ぶ．

ただし，具体的にある 0, 1 列を与えられて，そのコルモゴロフ複雑度を計算してみろ，と言われると困ります[9]．実際，よほど

---

7) 枚挙定理（枚挙関数（万能関数）の存在）を仮定すれば，この証明はやさしい（前述，杉田『確率と乱数』）．枚挙定理自身の証明のあらすじも同書，詳細については『計算論——計算可能性とラムダ計算』（高橋正子，近代科学社）など参照．
8) 枚挙関数が複数存在することに起因して，万能アルゴリズムも複数存在するため，その選択には任意性がある．

単純な場合に粗い評価を与えるのがせいぜいでしょう．

　とは言え，記号列の複雑さが，厳密な数学の言葉で述べられたことは重要です．これによって，記号列がランダムであるとは複雑度が十分に高いこと，例えば，その記号列自身の長さ程度以上の複雑度を持つ記号列のことだ，と定義できます．

　これは，ミーゼスがランダム性という言葉で言おうとしたことそのものではないかもしれませんが，コルモゴロフの確率空間からこぼれ落ちたものが一つ，数学になったわけです．

5.4　ポーの少年と緋牡丹のお竜

　上で述べたようなアルゴリズムの意味でのランダム性は，絵空事のように思えるかもしれませんが，この抽象的な概念も私たちの直観から生まれてきたものです．

　推理小説や探偵小説と呼ばれるジャンルの出発点となった作品の一つ，ポーの「盗まれた手紙」[10]に，丁半遊びの名人の少年の話が出てきます．相手とこちらの知性の程度をあわせることの意味を説明するため，名探偵デュパンが挙げる例です．

　その少年は，握った小石が丁（偶数）か半（奇数）かを当てるゲームの達人で，その秘訣は相手の頭の良さを正確に知ることにあるのだとデュパンは言います．

　一番素朴な子供は，さっき半を出したから今度も半だろう，と思う．もう少し賢い子供は，今度は裏をかいて丁だろうと考える．もっと賢い子供はそのまた裏をかいてまた半だろうと推測する．このように相手の思考の深さを読み，その一つ先を行くことで，

9）実際，コルモゴロフ複雑度を計算する部分帰納的関数は $\{0,1\}^*$ 全域を定義域に持てないことが証明できる．つまり，任意の記号列の複雑度を計算できるアルゴリズムは存在しない．

10）『ポー名作集』（E. A. ポー，丸谷才一訳，中公文庫）所収．

この少年は勝つのだ, と.

　本邦でも, サイコロを使った丁半賭博は江戸の昔から盛んでしたが, その後(おそらく明治時代に), 「手本引き」という賭博が現れました. 例えば, 映画『緋牡丹博徒』シリーズ[11]には, 本格的な手本引きの賭場のシーンがしばしば現れます.

　手本引きでは親がサイコロを振る代わりに, 自分の意思で1から6までの数字の一つを選び, 花札に似た意匠の札(繰札)で示します. 子はそれを当てる, というゲームです. つまり, 偶然ではなく, 親の知性が数列を生成していき, 子はその履歴から次の数字を予想します[12].

　また単に丁半だけではなく, 多彩な賭け方ができるので, 親と複数の子との間に複雑な駆け引きと推理が生じます. この緊張度の高さと勝負のアヤを経験すると, 他の賭け事は児戯に等しく感じられるそうです.

　さて, もしあなたが手本引きの勝負を, 緋牡丹のお竜のような名人と戦うとしたら, どうすればよいでしょう. あなたもポーの少年に匹敵する洞察力を持っていると仮定しても構いません. お互いに相手のアルゴリズムの上の上のそのまた上を行こうとした結果, どうなるでしょうか.

　おそらく, 数列の長さに相当する複雑度を持つアルゴリズムに到達し, それは事実上のサイコロ投げ, つまり乱数であり, またそれは, 第2章で分析したような確率的戦略になるでしょう.

---

11) 1968年の『緋牡丹博徒』から1972年まで八編が作成された, 藤純子演じる緋牡丹のお竜を主人公としたシリーズ.

12) 実際, 親は繰札とは別の木製の札(目木, めもく)を用いて, 最新の数字を先頭に運ぶ方式で履歴情報を子たちにさらす.

5.5　でたらめさと確率

　コルモゴロフの複雑度で捉えようとしたことは，ある決まった一つの数列の複雑さ，でたらめさ，規則のなさ，といったものでした．これはサイコロ投げのような偶然の現象の性質とどのように関係しているのか，もう一歩踏み込んで考えてみましょう．

　サイコロ投げの結果は多くの場合，規則のない，複雑な，でたらめなものに見えます．考えてみるとこれは不思議なことではないでしょうか．

　確率空間は多くの可能性の中で実現するある結果(群)に確率を与えます．一方，複雑度は一つの結果を生成するためのアルゴリズムで複雑さをとらえます．この二つがなぜ，「偶然」という一つの性質の姿なのか．

　その秘密の一つはいわゆる極限定理にあります．既に皆さんにご紹介したものでは，大数の法則が極限定理の最も重要な例です．

　大数の法則では，コイン投げの可能性の空間の中の圧倒的多数では頻度が期待値にほぼ等しい，と主張します．一方，複雑度の世界では，乱数と言えるほど複雑なものがどれくらいあるかと問うことができます．この二つがどのような関係にあるかは難しい問題ですが，どちらも圧倒的多数同士ならば，その重なりも圧倒的多数です．

　また，ポーの少年や緋牡丹のお竜のようなゲームの天才同士の戦いからは，戦略と確率の結びつきも想像されます．やや逆転の発想の趣ですが，ゲームを確率概念の基礎におくという理論も提唱されています[13]．応用先が人間の行動や意思決定に関係する場

---

13) 日本語で読める文献としては『ゲームとしての確率とファイナンス』(G. シェイファー，V. ウォフク著，竹内啓・公文雅之訳，岩波書店)など．

合は，自然な基盤になりうるかもしれません．

　確率の三つの姿，可能性，複雑度，戦略はこのように密接に関係しています．他にもいろいろな見方がありますが，一つの一般的な捉え方は，マルティン゠レーフによるアルゴリズム的ランダムネスの定義を中心に，他の概念との同値性や強弱を調べるというものです．

　とは言え，ランダムネスとは何かという全体像と，各側面の間の関係には，わかっていないことがたくさんあります．また，これらのさまざまな顔を究極的に統一するような本質があるのでしょうか．

　確率やランダムネスは，一つの枠に収まり切らない多くの謎と，大きな謎を抱えています．分野を超えた研究は敷居が高くなりがちですが，こういう大きな問題意識を持ちながら，確率の不思議な世界に挑戦してくれる若い方が増えると良いなあと思います．

···・✦　第 **6** 章　✦・···

主観確率のあやしくない世界

DL2 号機事件，一貫性，ダッチブック論法，その他の物語

確率にはふしぎなところがたくさんある.

（1）「まるでわからない」という人でも，けっこう上手に使っている.

（2）「よくわかっている」つもりの人でも，あんがいよくまちがえる.

『数学的センス』(野﨑昭弘，
日本評論社／筑摩書房(ちくま学芸文庫))より

6.1　幸運を呼ぶ方法，災難を避ける方法

「DL2 号機事件」[1] という短編ミステリをご存じでしょうか．日本のブラウン神父とも喩えられる亜愛一郎（あ・あいいちろう）というおかしな名前の名探偵が初登場した，不思議な味わいを持つ作品です．

---

[1]『亜愛一郎の狼狽』(泡坂妻夫，角川文庫)所収.「DL2 号機事件」は第一回幻影城新人賞に佳作入選したデビュー作.

　サイコロを振って1の目が出たとしましょう．もう一度サイコロを振るとき，また1が出る可能性が高いと思う人や，逆に低いと思う人がいる，ということがこの小説のアイデアになっています．

　本書の読者なら，前にどんな目が出ようが1の目が出る確率は変わらない，とお考えでしょう．しかし心の底では，上のような考え方に共感しているのではありませんか？

　例えば，ツキや運気などを信じたくなる．バスケットボールでは続けてシュートに成功している選手を「ホットハンド」と呼ぶそうですね．ホットハンドの次の一投もいつもの成功確率とさほど変わらないことが実証されていますが，プロほどこの事実を受け入れず，成功確率はずっと高いと強弁するそうです．

　その逆に，砲弾が落ちた穴に逃げ込む兵士という話がありますね．実話なのか笑い話なのか知りませんが，二度続けて同じ場所に砲弾が落ちることはまずない，という考え方には妙な説得力があります．

　もちろん，これらの発想にはその成立を促すような特殊な環境がありえます．例えば，続けて1の目が出たサイコロは歪んでいて，実際に1が出やすいのかもしれません．また，一度大地震が起こった場所は，エネルギーが解放されたおかげで，しばらく地震が起こりにくい，ということもあるでしょう．

　しかし，そんな理由がまったくない場合にも，人はそれぞれ主観に基づき，不確実な未来に対して時には妥当な，時には見当違いの，見込みや見積もりをする．これも確率の一つの姿のようです．

　前章までに見た確率を振り返ると，まず，「同様に確からしい」という仮定に基づく確率がありました．この仮定には，ラプラスによれば，無知の表現という主観的な要素もあるのでした．

また，パスカルやラプラスの意思決定の立場からは，不確実な未来に対して行動の方針を決める道具として期待値を見ました．D. ベルヌーイやラプラスが指摘したように，この期待値は各人に依存し，必ずしも客観的とは言えません．

つまり，確率の数学的理論の黎明期からすでに，その概念には主観的要素が含まれていました．いや，むしろ主観と客観が渾然としていた，と言うべきでしょう．そしてその中の各要素が徐々に純化されていきました．この流れは以下の三つの視点に整理できそうです．

まず，第一に形式主義による確率です．それはコルモゴロフの確率空間を典型例とするように，ある論理的な仮定を満たすものを確率とし，その仮定と論理法則だけを用いて操作する，純粋数学，純粋な論理学における確率です．

第二に経験的，客観的なデータに基づく確率，特に実際のデータから計算される頻度に結びつけられた確率です．これにはフォン・ミーゼスの確率や，フィッシャー，ピアソン父子，ネイマンらの統計的推測の理論が含まれ，しばしば頻度主義と呼ばれます．

第三の立場は，それぞれの人の心の中にある，不確実な未来の「見込み」としての確率です．この特徴は主観性です．つまり，各人で異なるが，それなりには合理的であるような概念です．

これらの観点は渾然一体とした状態で生まれましたが，それぞれに純化，探求されていきました．おそらく，この中で一番最初に人類に認識されながらも，一番最後まで理論化されなかったのが第三の観点でしょう．

6.2　あやしき主観確率

皆さんは「主観的」という言葉に拒否感をお持ちかもしれません．そもそも科学は客観的な学問のはずだ，と．百歩譲って，自

然科学には各人に映る現象の探求という側面があるにせよ，数学は純粋に客観的であり，主観が入り込む隙間は 1Å もない，と．

　もちろん，それはその通りで，私も皆さんに主観的な数学で挑戦しようとは思っていません．確率には人間の主観の要素があり，その有り様を科学的，数学的，論理的に探求できる可能性がある，と言っているだけです．これを「主観確率」の問題と呼びます．

　そして，この主観確率はどのような性質や構造を持っているべきか，どのようにモデル化できるか，またそこからどのように豊かな数学理論が生まれるかを調べることは，客観的かつ理論的な問題です．

　また，応用上も重要です．実際，頻度による確率や形式主義では扱えそうにない問題がたくさんあります．例えば，一回しか起こらないランダムな事象は，明らかに頻度も考えられず，また形式論から現実的な意味や有効性を与えることも困難です．

　応用面で特に重要なのは，ベイズ推定をめぐる問題でしょう．ベイズ推定の基礎になるベイズの公式は以下のようなものでした．

$$P(B|A) = \frac{P(A|B)}{P(A)}P(B).$$

　この公式を，今まで $P(B)$ だとしてきた事象 B の確率を，新たに知った証拠 A によって（条件つき）確率 $P(B|A)$ にアップデートする手続きだ，と解釈するのがベイズ推定の味噌です．

　しかし，この確率 $P(B)$ とは何でしょう？　証拠を知る前の確率，という意味で「事前確率」と呼ばれる量ですが，純粋に客観的な方法でこれを定める方法はなさそうです．

　ラプラスは事前確率として，特にどれかが正しいという理由がない以上，「同様に確からしい」一様な確率を採用すべきだと考えました．これは客観的に見えますが，実際は我々（我々の文明？科学者たち？）の無知の表現でもあり，その意味で主観的なもの

です.

このラプラス型ベイズ推定の立場は, のちにジェフリーズ (1891-1989)によって改良, 理論化されました. 彼が取り組んだのは, 一様な事前確率は自然法則の帰納的推理にそぐわない, という問題でした.

例えば, 第1章で紹介した, 明日また日が昇る確率の問題で言えば, 我々が知りたいのは, 明日また日が昇る確率ではなく, むしろ, **明日以降ずっと**日が昇る確率です. しかし, 一様な事前確率から出発すると, この確率は0になってしまいます.

ジェフリーズは事前確率の仮定を工夫することで, この問題を技巧的に解決しました. 自然科学の客観的方法としてベイズ推定を組み立てようとするジェフリーズの姿勢は, 確率の主観的要素をできるだけ制限しようとする試みだと考えられます.

また, ミーゼスはコレクティヴの概念を用いて, ベイズ推定の客観的解釈を唱えたのでしたし, 多くの頻度主義派の統計家たちは, ベイズ推定そのものを科学的な推測方法として認めませんでした.

その一方, ベイズ推定に潜む主観性をむしろ中心に据えようとするのが, 主観確率派の考え方です. この場合のベイズ推定は, 各人の主観確率を更新するための理論だということになります.

これはもっともらしい発想ですが, その欠点の一つは, 客観世界への懐疑に歯止めがかかりにくいことです. 基本的な確率概念を疑うことは有意義でしょうが[2], 過激な相対主義や独我論にまで行き着いてしまうと, 科学の基盤としては有効と言えません.

しかし, 確率的推測の理論を頻度主義だけに頼ることも怪しげ

---

2) 主観確率派は例えば, すべての出来事の一回性を主張して「同一試行の繰り返し」を認めなかったり, 客観的確率の存在を完全に否定したりする.

であり，また完全な形式主義は現実とのリンクを持ちようがありません．そこで主観確率を基盤にしながらも，妥当で有効性のある理論構築が進められてきたわけです．

この道筋もやはり，コルモゴロフが確率空間を定義し，ミーゼスがコレクティヴの概念を提唱し，また頻度に基づく統計的推論方法が姿を現したころ，つまり1920年代から30年代に切り開かれました[3]．

その主要な登場人物は，ラムゼイ(1903-1930)，有名な経済学者でもあるケインズ(1883-1946)[4]や，サヴェッジ(1917-1971)，デ・フィネッティ(1906-1985)などです．このうち前者二人はイギリス人ですが，これはイギリス経験論の流れ，特に確率の概念を重視したヒュームの影響かもしれません．

主観的な確率概念を主張する彼らの間にもさまざまな立場と主張の差異があり，激しい論争すらありましたが，最も首尾一貫し，完成された形で提出されたのは，デ・フィネッティの理論だと思います[5]．

デ・フィネッティは主観確率を，確率よりもむしろ期待値を基礎として統合した「予見(prevision)」の概念で整理し，その合理性を「一貫性(コヒーレンス，coherence)」という概念で理論化しました[6]．以下ではそのアイデアを見てみましょう．

---

3) 主観確率派の発展の歴史のコンパクトな解説として，"Operational Subjective Statistical Methods"(F. Lad, Wiley-Interscience)の第1.3節を薦めておく．

4) ケインズの最初の業績は確率論に関してだった．『ケインズ全集8 確率論』(佐藤隆三訳，東洋経済新報社)参照．

5) しかしデ・フィネッティには，ファシズムへの激しい共感から時に数学理論と政治思想を混同して主張する，という著しい欠点もあった．主論文"Probabilismo"(1931)がその典型例．

6) デ・フィネッティの理論への入門書としては，主著の英語訳"Theory of Probability"(B. de Finetti, Wiley)など．

6.3　一貫性（コヒーレンス）

　例として，またサイコロ投げを考えましょう．次の一投で1の目が出る確率は，主観確率の立場からは，各人によりけりですが，だからと言って，どんな数値でも良いわけではありません．

　例えば，負の確率や1を超える確率はおかしいでしょう．また，自分には超能力があって次に1の目が出ることは明白な事実だ，と（過って）信じることは可能でも，それに加えて2の目が出る確率は1/6だと同時に主張するのは非論理的です．

　もちろん本当の狂人はこのような合理性を超越しているかもしれませんが，我々は科学的推論の基盤になりうる理論を求めているのですから，各人の主観を認めながらも，その中での合理性は要請するのです．デ・フィネッティはこの主観の合理性を「一貫性（コヒーレンス）」と呼びました．

　では，合理的な人が従うべき一貫性とはどのようなものか．そこで，主観確率の基礎となる性質を導き，説明するアイデアの一つがダッチブック論法です．「ダッチ」は吝嗇や狡さ[7]を，「ブック」はブックメイカー（賭け屋）の語にあるように賭率を意味します．

　これはサヴェッジやデ・フィネッティによって導入された一種の思考実験です．その要点を先取りすれば，もしある人が一貫性に従わない確率概念を持つと，その人が確実に損をするような賭け（ダッチブック）が仕組めてしまう，だからそのような確率は合理的でない，という論法です[8]．

---

7) "Dutch"は「オランダの」という形容詞だが，英蘭戦争などの影響でこのような悪い意味を含むようになったらしい．

8) これに似た論法は経済学でしばしば用いられてきた．古くは適正な取引の導出や，最近では金融派生商品の価格付けなど．

　この論法の隠れたポイントは，確率ではなく期待値を基礎に置くことです．なるほど私たちの日常では，確率そのものより，不確かな価値を見積もることの方が自然です．デ・フィネッティはこのような見積もりを「予見」と呼びました．通常の確率論では，これは確率変数の期待値[9]に相当します．

　そして確率とは，特に1か0の値だけをとるランダムな量，つまり，起こるか起こらないかのどちらか一方であるランダムな量の予見であるとします[10].

　確率空間の言葉で書けば，確率変数が特にある事象 A に対する定義関数のとき，つまり $\omega \in A$ ならば1，それ以外の場合は0の値をとる確率変数 $1_A(\cdot)$ のとき，その期待値が事象 A の確率に等しい，という以下の関係

$$E[1_A] = \int_\Omega 1_A(\omega)dP(\omega) = P(A)$$

に他なりませんが，これをむしろ確率の定義にするわけです．

6.4　ダッチブック論法

　まず一番簡単な例から見てみましょう．今から一枚のコインを投げます．表が出れば1万円もらえ，裏が出れば何ももらえません．このコイン投げのランダムな利得 X の予見（期待値）はいくらでしょう．

　「同様に確からしい」式の素朴な確率論では，

---

9) 主観確率派は基本的な確率概念への異議申し立てのため，この「確率変数(random variable)」や「期待値(expectation)」，「事象(event)」などの用語を，独特な語に言い換えることが多い.

10) この観点から，デ・フィネッティは予見(Prevision)にも確率(Probability)にも同じ P の記号を用いた．本稿では通常通り確率に P，期待値（予見）に E の記号を用いる.

$$E[X] = 10000 \times \frac{1}{2} + 0 \times \frac{1}{2} = 5000$$

の計算で5千円になるところですが，主観確率の立場では，この予見は各人の主観次第です．ただし，その値は一貫性を満たさねばなりません．例えば，この予見が2万円だとか，マイナス1万円だと言い張ることはできません．

　これを示す鍵は，「あなたはこの賭けの権利（参加費用，参加チケット）をいくらで売買しますか？」という質問です．もしこの値段が2万円だとあなたが主張するなら，賢いブックメイカーはその値でこの賭けをあなたに売りつけ，あなたはコイン投げの結果によらず確実に，1万円以上損することになります．

　逆にマイナス1万円だと主張するなら，ブックメイカーはあなたからこの賭けを買い，1万円もらって胴元になるでしょう．あなたがこの賭けに参加して，コイン投げがどんな結果であろうと，損を取り返せません．

　この議論によって，一貫性を持つ予見はランダムな利得 X のとりうる最大値と最小値（今なら1万円と0円）の間の値でなければならないことが導かれます：

$$\min X \leq E[X] \leq \max X.$$

この特別な場合として，コルモゴロフの確率の定義の条件の一つ，確率は0以上1以下の実数であることが導かれることにも注意してください．

　次はもう少し複雑なダッチブックを考えてみましょう．来シーズンのプロ野球で日本一になるのがある球団ならば賞金がもらえるという賭けに対し，各人はいろいろな予見を持てます．

　しかし，一貫性を保つためには「A球団またはB球団が優勝する」という賭けの予見は，各球団が優勝するという賭けの予見の

和である必要があります．なぜなら，もしこれらが等しくなけれ
ば，ダッチブックを組むことができるからです．

　例えば，もし各球団が優勝するという賭けの予見の和よりも，
どちらかが優勝するという賭けの予見が大きいとしましょう．こ
の場合は，この予見の持ち主から前者の二つの賭けの権利を買っ
て，後者を売ります．その結果，優勝するのがどこの球団でも，
常にこの予見の持ち主が損をしてしまいます．

　よって，一貫性の条件から，有限個の和の予見は予見の和に等
しいことが導かれます：

$$E[X_1 + \cdots + X_n] = E[X_1] + \cdots + E[X_n].$$

この特別な場合として，有限個の（排反な）事象に対する確率の加
法性[11] が導かれることにも注意してください．

6.5　主観確率と統計的推測

　以上のように主観確率は各人で異なるとは言え，一貫性の条件
によって合理性を要請することができ，確率論や統計学の理論構
築が可能になるわけです．

　特に重要な応用は，ベイズ推定の首尾一貫した枠組みを提供で
きることです．つまり，ベイズ推定とはある人の主観をデータで
更新していく手続きであり，ベイズの公式などの理論的根拠は一
貫性の条件で与えることができます．

　これはすっきりとして，理論応用の両面で好ましい説明体系に
思えます．医学統計学者のセンは『確率と統計のパラドック
ス』[12] の中で，「様々な推論の統計学的理論のうち，見たところ筋

11）主観確率派における可算加法性（σ-加法性）の扱いは微妙な問題である．例えば，
　　脚注6に前出の de Finetti "Theory of Probability" の Appendix 18.3 を参照．

の通った全体を形成するという意味でいちばん目立つものは，
デ・フィネッティのものである」と書いています．

　とは言え，統計的推測の根拠を巡る議論は今も続いていて，こ
れからも決着しないでしょう．統計的推測にはさまざまな立場が
あって，何を支持して勉強したら良いのかわからない，という人
に対して，ある識者は以下のようにアドバイスしていますが[13]，
私も現状，これに賛成したいと思います．

　すなわち，現場の統計学者は四つの主要な理論に通じておくべ
きである．その四つとは，フィッシャー，ネイマン＆ピアソン，
ジェフリーズ，そしてデ・フィネッティ．

12）『確率と統計のパラドックス──生と死のサイコロ』(S. セン，松浦俊輔訳，青土社)，第4章．

13) G. A. Barnard "Fragments of a statistical autobiography", *Student* 1, pp. 257-268 (1996).

第3部

数理

=========== ···✦ 第 **7** 章 ✦··· ===========

余は如何にして確率論者となりし乎

梯子酒，秘密の通路，5と7の理由，その他の物語

===

> 人間の意志のはたらかないところで起る小さなまちがいが，
> やがては人間とその一生を支配するというふしぎは，本当は
> 罪や悪や不道徳よりも，本質的におそろしい問題なのであり
> ます．われわれが意識して犯す悪は，ただのまちがいに比べ
> れば，底が知れていると言えるかもしれません．
>
> 『不道徳教育講座』(三島由紀夫，角川文庫),「0の恐怖」より

7.1　確率論との出会い

　もちろん，数学には確率論の他にもたくさんの分野があります．
そしてそれぞれに興味深いものですから，私にしても，どうして
確率論を専攻することになったのか，よくわかりません．

　でもおそらくそのきっかけは，卒業研究ゼミの紹介文になんと
なく惹かれてフーリエ解析の教科書を選んだため，その担当の T
先生が指導教官になったことだと思います．

　その頃，T 先生は名著 "Itô-McKean"[1] に沿った確率論の講義
もしていました．そこで酔歩やブラウン運動の問題と出会い，確

率論って(思っていたのとは違って)面白そうだぞ, と感じたこと
を記憶しています.

　そして大学院進学が決まると, 先生から宿題が出ました. 確か,
伊藤清先生の講義録の一つを読むこととと, Itô-McKean の第一
章の演習問題を解くことでした. 後者については冗談だったかも
しれません[2].

　数学の専門書を英語で読むことだけでも既に新鮮で, 自分が数
学者への道を歩み始めたような気がしたものでした(今思えば微
笑ましい限りですが). 本章では若き日の私を確率論へと誘った,
この酔歩とブラウン運動のいいところをつまみ食いしてみたいと
思います.

7.2　酔歩とは

　確率的現象の研究で重要な対象の一つはランダムな運動です.
このような概念が明確に数学にできることが, 確率空間が大成功
した理由の一つだと思います.

　その最も初歩的でありながら重要な例が酔歩(ランダムウォー
ク, 乱歩)です. 実は, 酔歩は本書で既に何度も顔を出しています.
直感的に言えば, (1次元の)酔歩とはコイン投げの結果に応じて,
次の一歩が右か左かを決めるようなランダムな運動です.

　これをもう少し数学らしく定義してみましょう. -1(左に一
歩進む)か 1(右に一歩進む)の値をとる独立な確率変数 $X_1, X_2,$
$X_3, \cdots$ をどれも同じ分布に従う, つまり, ある定数 $0 \leqq p \leqq 1$ に

---

1) K. Itô-H. P. McKean, Jr. "Diffusion Processes and Their Sample Paths" (Springer).
2) 第一章に限っても, おそらく学部4年生には難しすぎる. 確率論の大家の某N先
　生は Itô-McKean の演習問題を全部解いた, という伝説が当時あったくらいだか
　ら(真偽は不明).

対して $P(X_i = 1) = p$ とします.

このとき $S_N = X_1 + \cdots + X_N$ によって新たな確率変数 S_N を定めましょう. この S_N が酔歩の第 N 歩めの位置です. これを確率空間で定義するのは, 一見やさしく思えます.

実際, $\{-1, 1\}$ の直積 $\{-1, 1\}^N$ を全事象の空間 Ω として, 各 X_i が $e_i \in \{-1, 1\}$ の値をとる確率を

$$P(X_1 = e_1, \cdots, X_N = e_N) = p^n (1-p)^{N-n}$$

で定めれば OK です(n は $X_i = 1$ である i の個数).

しかし, 興味深い問題を考えようとすると, 無限の範囲まで考えざるをえないことに気づきます. 例えば,「出発点から 10 以上の距離を離れる」というような事象を考えたくなりますが, 右往左往しているといくらでも長い歩数がかかってしまいます.

そうすると, $N = \infty$ まで, つまり無限歩まで含めた酔歩を考えることになりますが, これを正しく構成することは既に難しい問題です.

この問題は, 有限歩までは上記の性質を満たしたまま, 無限歩まで確率測度が「拡張」できる, という「測度の拡張定理」を用いて解決できます. 特に, 実数の二進法展開を通じて, 区間 $[0, 1]$ 上に確率空間を構成する方法が標準的です[3].

比較的単純と思われる対象でも, 無限大までこめて厳密に定義するのはしばしば厄介です. そんなときに威力を発揮して, 一般性のある構成方法を自然に提供してくれるのが確率空間なのでした.

---

3) この確率測度はルベーグ測度. よって第4章脚注10で述べた, ほとんどすべての実数は正規数だというボレルの結果は, 酔歩の言葉では大数の強法則に他ならない.

　このように無限歩までこめた酔歩の定義はやや抽象的ですが，その性質自体はおおむね，組合せ論を用いた初等的な計算で得られます[4]．

　例えば，公平（$p = 1/2$）な酔歩 S_N の期待値 $E[S_N] = 0$ はすぐわかりますし，2 乗の期待値（期待値 0 なので分散に等しい）$E[S_N^2]$ も

$$E[S_N^2] = E[(X_1 + \cdots + X_N)^2]$$
$$= \sum_{i=1}^{N} E[X_i^2] + \sum_{j \neq k} E[X_j X_k]$$
$$= N\left(1^2 \cdot \frac{1}{2} + (-1)^2 \cdot \frac{1}{2}\right) = N$$

と簡単に得られます．（独立性から $j \neq k$ のとき $E[X_j X_k] = E[X_j]E[X_k] = 0$ であることを用いた．）

　酔歩の 2 乗の期待値が N であるということは，N 歩あたり $\sqrt{N}$ くらい離れると考えられます．つまり酔っ払いは，しらふの人が歩く距離のせいぜい平方根くらいしか進めないようですね．

7.3　バーに挟まれる／囲まれる

　もう少し面白い問題として，二つのバー（酒場）の間に挟まれた酔っ払いを考えてみましょう．左右に酔歩する結果，酔っ払いはおそらくいずれ，どちらかのバーに到達するのですが，先に右の店にたどりつく確率はいくらでしょうか[5]．

　図 7.1 のように座標をとり，j から出発した酔歩が 0 より先に

---

4) 数学において「初等的」は必ずしも「簡単」を意味しない．酔歩のさまざまな興味深い性質とその導出については，W. フェラー『確率論とその応用 I（上・下）』（河田龍夫監訳，卜部舜一他訳，紀伊國屋書店）参照．初等的な確率論については今でも一番に薦められる古典的名著である．

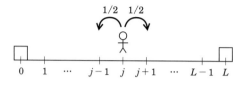

図 7.1　バーに挟まれた酔っぱらい

L に到達する確率を P_j と書くことにします. 酔歩が左右を選ぶ確率は公平 ($p = 1/2$) としましょう. つまり, この酔っ払いはバーの善し悪しを気にしないか, どうでもよくなっているかです.

　今から一歩踏み出したあとに注目すると, P_j は以下の漸化式を満たすことがこの問題の鍵です:

$$P_j = \frac{1}{2}P_{j-1} + \frac{1}{2}P_{j+1} \qquad (j = 1, \cdots, L-1).$$

また, もし既にバーに到着していれば問題は決着していますから, 境界条件は $P_0 = 0$, $P_L = 1$ です.

　これを解くには, 以下のように変形するのがうまい手で, 実は P_j が等差数列であることがわかります:

$$P_{j+1} - P_j = P_j - P_{j-1}.$$

よって, 境界条件から, $P_j = j/L$ ($j = 0, 1, \cdots, L$) が答です.

　答が単なる一次関数で拍子抜けしたかもしれませんが, 面白いのはここからです. 上の漸化式は以下のようにも変形できることに注意します:

---

5) これをギャンブラーが破産する前に目標の儲けを得る確率と解釈して,「破産問題」と呼ぶことが多い. 以下で扱わない $p \neq 1/2$ の場合を含め, 詳しい解説は脚注 4 に前出のフェラー『確率論とその応用 I（下）』第 XIV 章を参照.

$$(P_{j+1}-P_j)-(P_j-P_{j-1}) = 0.$$

この漸化式は数列の差分の差分，つまり二階差分が 0 になるという条件に他なりません．どうやら，酔歩は二階差分をとる作用と深い関係があるようです．

またこの漸化式は，

$$\frac{1}{2}\{(P_j-P_{j+1})+(P_j-P_{j-1})\} = 0$$

とも書けます．これまた面白い表示で，今いる点の値から両側の値の差を引いて平均すると 0 ですよ，と言っています．つまり，二階差分作用素は周囲の値との差の平均をとる操作である．

　以上の観察は，多次元化することでさらに面白くなってきます．各街角のバーに囲まれた酔っ払いは酔歩の結果，どのバーにたどりつくでしょう（図 7.2）．

　上の漸化式が簡単に 2 次元化できること，そして，2 次元の二階差分作用素が現れること，さらには，これがその点の値と上下左右の値の差の平均になることも，ご想像の通りです．

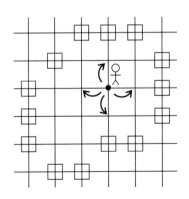

図 7.2　バーに囲まれた酔っぱらい

　多次元化の他に連続化も考えられます．これが次のテーマ，ブラウン運動です．そして上で見た関係がブラウン運動にも引き継がれます．つまり，ブラウン運動は二階差分作用素ではなく，二階微分作用素であるラプラシアン（ラプラス作用素）と密接に関係しています．

　熱の流れがラプラシアンを用いた熱方程式で記述されることの裏側には，熱の現象とブラウン運動の深いつながりが隠れているのです．

　また，ブラウン運動と関数の合成の微分公式である「伊藤の公式」には，一次項の微分の他に二階微分，多次元ではラプラシアンの項も現れます．

　私が院生の頃，自分の研究（?）があまりに素朴なのを嘆いて「伊藤の公式しか使ってません」とボヤきますと，T 先生がおっしゃるには，「**伊藤の公式は君が思うよりもずっといろんなことを知っている**」とのことでした．

　当時の私にはぴんときませんでしたが，その後，何度もこの言葉を思い出すことになりました．つまり，確率論の深いところに，ラプラシアンを経由して他のさまざまな数学につながる道が開けているのでした．

7.4　ブラウン運動へ

　酔歩は一歩ごとにランダムに向きを選ぶ運動ですが，では一瞬ごとにランダムに方向を変えていくような連続的運動はどうモデル化すればよいでしょう．

　直感的には，酔歩の連続極限をとればよさそうですが，そのためには確率（測度）の極限を精密に議論しなければならないので，そう簡単ではありません．

　実際，最初に数学的にブラウン運動が構成されたのは，フーリ

エ級数の係数をランダム化する（確率変数にする）という方法でしたが，ランダムな関数の極限の意味をきちんと扱う必要があり，しかも計算が複雑なことが難点でした．

しかしのちに，三角関数よりもずっと都合の良い基底[6]を選ぶという技術革新によって単純化され，今でも初心者にブラウン運動の構成を示すときには一番に選ばれる方法になっています．

一方，モダンな方法は，連続関数全体の空間の上に，必要な性質を持つ測度の存在を証明してしまうやり方です．（1次元）ブラウン運動に求める性質は，以下のようになります．

定理 7.1（ブラウン運動の存在）　確率空間 $(\Omega, \mathcal{F}, P)$ で定義された実数値確率変数 $\{B_t(\omega)\}$ $(t \in [0, \infty), \ \omega \in \Omega)$ であって，任意の自然数 n と $0 \leqq t_1 < t_2 < \cdots < t_n$ について $B_{t_1}, B_{t_2} - B_{t_1}, \cdots, B_{t_n} - B_{t_{n-1}}$ が互いに独立で，任意の $0 < s < t$ に対し $B_t - B_s$ が平均 0 で分散 $t - s$ のガウス分布に従い，しかも，$\omega \in \Omega$ ごとに B_t が t の連続関数であるものが存在する．

この定義（定理）から，ブラウン運動に関するいろいろな量や性質がガウス分布の計算で求められます．例えば，酔歩でも見た位置とその 2 乗の期待値は（原点出発 $B_0 = 0$ のとき），$E[B_t] = 0,$ $E[B_t^2] = t$ と計算できます（演習問題）．

2 乗の期待値が t であることに注目してください．これは酔歩の 2 乗の期待値が N だったことに対応しています．つまりブラウン運動も，時間 t でその平方根 $\sqrt{t}$ くらい原点から離れる傾向にあります．

6）具体的には Haar 関数系の不定積分（Schauder 関数）で，Z. Ciesielski(1961)によるアイデア．なお，この展開は今の言葉で言えばウェーヴレット展開の例である．

この関係は酔歩を時間の平方根で「スケーリング」して極限をとればブラウン運動に収束させられそうだ，という期待も与えてくれます．また，何らかの意味で，$dB_t = \sqrt{dt}$？なのではないか[7]とも……（そして，これらの期待は正しく報われます）．

では，ブラウン運動の梯子酒問題はどうなるでしょう？ つまり，$x \in [0, L]$ から出発したブラウン運動が 0 より先に L に到達する確率 p_x はいくらか．この答も実は，本質的に同じ性質から，$p_x = x/L$ となることがわかります[8]．

この多次元化も興味深い問題になります．例えば，2次元のある領域の中から出発したブラウン運動が初めてその境界に到達するとき，それは境界上のどの場所からなのか，また，それはいつなのか．

このような問題をブラウン運動の脱出問題と呼びます．これはこの領域上のラプラシアンを含む偏微分方程式の言葉に翻訳して調べることができます．

私が院生のときに初めて，研究（のまねごと）を始めたのもこの問題でした．リーマン多様体上のブラウン運動の脱出問題からその多様体の曲がり具合がわかる，ということは偏微分方程式の理論を経由して知られていたのですが，これを確率論の道具だけで示すことが私のテーマでした．

私の心にぐっときたのは，ランダムに動く粒子のイメージで解析学や幾何学の研究ができる，ということの不思議さだったのだと思います．

本来，確率論は偶然的現象の研究を動機としていますが，偶然

7）P. レヴィ（1886-1971）は通常の解析学では意味をなさない dB_t を $\sqrt{dt}$ と書くことで直観的にブラウン運動を研究した．のちに伊藤清（1915-2008）の確率解析によって dB_t による積分や，$dB_t \cdot dB_t = dt$ の関係が正当化される．

8）前出 Itô-McKean, p. 29，1.7 節の Problem 6 参照．

やコイン投げやブラウン運動とまるで関係がなさそうな数学の問題と意外な結びつきがあって，思いもよらないようなアプローチができることがあります．

このような結びつきの秘密の一つは，上で挙げたラプラシアンですが，他にも独立性[9]や，これまでの連載でも見た「すべての可能性をまとめて扱う」観点などがありますし，私の知らない秘密の通路がまだまだ他にあるかもしれません．

7.5　ブラウン運動の経路の微分不可能性

私が確率論の魅力に惹かれたのには，もっと不純なきっかけもありました．それは Itô-McKean の演習問題[10]に出てくる，ほとんどすべての（つまり確率 1 で）ブラウン運動の経路はいたるところ微分不可能である[11]ことの証明です．

いたるところ微分不可能な連続関数の有名な例としては，ワイエルシュトラス関数や高木関数が知られています．しかし，ブラウン運動のあらゆる経路がこの「病的」性質を持つことが，以下のように一気に，しかも簡単に証明できてしまうのです．

その演習問題のヒントは，もしブラウン運動 B_t が点 $s \in [0, 1]$ で微分可能ならば，ある $l, m \geqq 1$ と任意の $n \geqq m$ について，$s < t < s + 5/n$ のとき $|B_t - B_s| < l(t - s)$ が成り立つことに注意して，この事象を含む以下の事象の確率が 0 であることを示せばよい，というものでした[12]：

9）独立性による確率論と数学（特に整数論）との関係の興味深い解説書として，『Kac 統計的独立性』(M. Kac，高橋陽一郎・中嶋眞澄訳，数学書房）を挙げておく．

10）Itô-McKean, p. 18, 1. 4 節 Problem 7.

11）この事実は Paley-Wiener-Zygmond(1933) が発見した．さらにブラウン運動は有界変動でもないので，dB_t による積分も通常の解析学の意味では定義できない．脚注 7 も参照．

$$\bigcup_{l \geq 1} \bigcup_{m \geq 1} \bigcap_{n \geq m} \bigcup_{0 < i \leq n+2} \bigcap_{i < k \leq i+3} \left\{ \omega \in \Omega : \left| B_{\frac{k}{n}}(\omega) - B_{\frac{k-1}{n}}(\omega) \right| < \frac{7l}{n} \right\}.$$

どうです？ 係数5と7が現れる理由はさておき，当時のウブな私はこの数式の姿にショックを受けると同時に，「おもしろいなあ！」と思ってしまったのです．やや複雑な「任意の」と「存在する」の関係を集合で書いただけなのですが．

こんなことに魅力を感じて，確率論を勉強してみようと思ったなんて，まさに若気の至りでお恥ずかしい限りです．邪道であることは間違いありませんが，意外にこんなことで進む分野が決まってしまうものなのかもしれません．

私の思い出話ばかりで，確率論の魅力を伝えられたか不安ですが，他の分野とはちょっと違うところや，他の分野との密接な関係を，少しは説明できたでしょうか．皆さんの中から，偶然の数学の面白さと不思議さを共有してくださる方が現れれば，嬉しく思います．

---

12) この華麗な証明は Dvoretski-Erdős-角谷(1961)による．なぜ係数5と7が現れるのか解読することは，確率論入門者にとって楽しい演習になるだろう．

第 8 章

エントロピーの夢

ピンチョン，シャノン，ボルツマン，その他の物語

> 次のものを2つの種類に分けるよう，求められたとしよう．
>
> 　距離，質量，電気力，エントロピー，美，旋律．
>
> 私は，エントロピーを，最初の3つとではなく，美と
> 旋律と一緒に置くことの強い根拠があると思う．
>
> ウィーバー「通信の数学的理論への最近の貢献」
『通信の数学的理論』(C. E. シャノン & W. ウィーバー，
植松友彦訳，ちくま学芸文庫)所収)より

8.1 エントロピーのイメージ

　高度な数学的概念や科学的用語なのに，他分野どころか一般の
人々にまで広く知られている語がありますね．例えば「不完全性
定理」，「フラクタル」，「クラインの壺」，「バタフライ効果」など
がそうでしょうか．

　こういった語が，例えば現代思想の世界などで，比喩や装飾の
程度を越えて気まま勝手に用いられるのを見ては，専門家は眉を
顰めるものですし，おそらく語の濫用は実際に有害でしょう．そ

れだけ力のこもった重要語なのだとも言えますが……．

　さて，不確実性やでたらめさ，ランダムネスなどの私たちのテーマの中で，そのような強力な語の代表と言えば，まず「エントロピー」でしょう．

　私の部屋が乱雑になっていくのは「エントロピー増大の法則」のせいだ，なんて言い方はよく耳にしますし，社会科学，哲学，文学あらゆるところにキーワードとして登場します．

　例えば，アメリカ現代文学を代表する一人であるピンチョンは，その名も「エントロピー」[1] という短編小説を書いています．

　小説の舞台は上下につながる二つの部屋です（この設定自体，熱力学の実験を思わせます）．下の階では，主人公ミートボールのパーティが続いています．そして上の階は，もう一人の主人公カリストによって，孤立した静かな温室に作り上げられています．

　ミートボールの抵抗も空しく下階の大騒ぎは勢いを増し，いかがわしい風俗店だと勘違いした水兵たちが乱入するに至って，完全な混沌に陥ります．

　一方，下階の騒音が床から微かに伝わる上階では，カリストが熱力学的世界観について瞑想を続けています．彼は時折，恋人に外の寒暖計をチェックするように頼みますが，いつも華氏37度[2]です．そして終に彼の手の中で小鳥の心臓も停止します．

　と，これだけのお話です．パーティの混乱がどんどん激しくなり手に負えなくなっていくミートボールの部屋は，乱雑さは常に増大するというエントロピー増大のイメージなのでしょう．

---

[1] 『スロー・ラーナー』（トマス・ピンチョン，志村正雄訳，ちくま文庫）所収．佐藤良明氏による新訳（新潮社）もある．

[2] 「たとえばぼくは華氏三十七度を平衡点に選んだ．なぜなら摂氏の三十七度は人体の温度だからである．カワユイでしょ？」（前出『スロー・ラーナー』所収「スロー・ラーナー」より）

　また，静かなジャングルであるカリストの部屋は，エントロピー増大の行き着く先，「熱的死」のイメージです．世界のどこも同じ温度になり，すべての変化が停止する死のイメージ．手から温もりを伝えられなくなった小鳥の死もこれを補完しています．

　どうやらエントロピーとは，乱雑さ，無秩序，自由，混沌の尺度[3]であり，同時に熱の現象と関係があるようです．そして，この尺度の値は常に増大する性質があり，行き着く先は完全な混沌と騒乱であると同時に，すべての活動の死と静謐でもある．

　私が思うに一般的イメージの特徴の一つは，情報学的エントロピーと熱力学的エントロピーを混同していることですが，少なくともピンチョンはこれらを二つの部屋で区別しようとしているようですね．

　とは言え，どちらのエントロピーも小説の中ではせいぜい暗喩にすぎません．皆さんはこの二つのエントロピーについて，どこまで理解されているでしょう．

8.2　情報学的エントロピー

　歴史的順序は逆ですが，情報理論におけるシャノン(1916-2001)のエントロピー，いわゆる情報学的エントロピーから見てみましょう．

　シャノンのエントロピーは以下のように，確率分布に対して決まる実数です．この概念は，情報理論の基盤をほぼ作り上げてしまった有名論文「通信の数学的理論」(1948)[4]で導入されました．

---

3) 『エントロピーの正体』(アリー・ベン=ナイム，小野嘉之訳，丸善出版)では，このようなさまざまな直感的解釈を「記述子」と呼んで，その妥当性を詳しく分析，批判している．

4) 『通信の数学的理論』(C.E.シャノン，W.ウィーバー，植松友彦訳，ちくま学芸文庫)に所収．

定義 8.1　有限個の値 $x_1, \cdots, x_n$ をとる確率変数 X の確率分布 $P(\{X = x_i\}) = p_i\ (1 \leqq i \leqq n)$ に対し,

$$h(\{p_i\}) = -\sum_{i=1}^{n} p_i \log p_i \qquad (1)$$

をこの確率分布のエントロピーと言う($0 \log 0 = 0$ と約束).

　単純で(対数の底の選択を除き)曖昧さのない定義ですね. 無限個の値をとる場合や連続値の場合の確率分布に対しても, 同様に定義できます. 例えば, 連続値をとる分布が密度関数 $f(x)$ を持つときは,

$$h(f) = -\int_{\mathbb{R}} f(x) \log(f(x)) dx$$

となります.

　シャノンは情報通信の基礎理論を作り上げるため, 問題を簡単化して, 情報はある確率分布で生成されるとしました. つまり, シャノンの情報とは単なるサイコロ投げの列で, その確率分布だけで決まるものです. その意味や内容は問いません.

　では, このエントロピー h はどのような性質を持つでしょう. 第一に, h は結果が確実なとき, つまり, ある値をとる確率が 1 で他の確率が 0 のとき最小値 0 をとります.

　また, 確率が均等なとき, つまり, どの p_i も $1/n$ のとき最大値をとります. さらに, この最大値は $\log n$ なので, とりうる値の数 n に応じて h が単調に増大することもわかります.

　最も簡単なコイン投げの場合に見てみましょう. 表が出る確率を p, 裏が出る確率を $1-p$ とするとき, エントロピー $h = h(p)$ は上式(1)より,

$$h(p) = -p \log p - (1-p) \log (1-p)$$

となります.

高校生流に増減表を書いてみれば, 結果を一番予想しにくい $p = 1/2$ のときエントロピーは最大 $\log 2$ で, 表か裏の出やすさに応じて最小値に向かっていき, 結果が確実な $p = 1$ または $p = 0$ の場合に最小値 0 になることがわかります.

以上からして, エントロピーは確率分布の偏りの尺度です. しかし, これだけでは必ずしも上式(1)の形でなくても構いません. もう一つの重要な要請は, 確率的選択が「段階」に分けられるとき, エントロピーがその和になってほしい, ということです.

最も単純な例で考えてみましょう. 十円玉の表と裏が出る確率を $P = \{p_1, p_2\}$, 百円玉では $Q = \{q_1, q_2\}$ とすると, 二枚のコイン投げの各結果の確率は $R = \{p_1 q_1, p_1 q_2, p_2 q_1, p_2 q_2\}$ となりますが, これらに対して $h(R) = h(P) + h(Q)$ となってほしい.

このような性質を持つためには, 必然的に対数関数を含む上式の形にならざるをえません[5]. この要請は数学的な都合の良さと尺度概念の直観による条件に見えますが, その正当性は定義式の意味にあります.

その意味とは, とりうる可能性の広さを基本的な選択肢の組合せの個数(の期待値)で測ったものだ, ということです.

例えば, $16 = 2^4$ 個の商品から一つを指定するには, Yes か No で答える質問が $\log_2 16 = 4$ 回できれば必要十分です. この商品がある分布に従ってランダムに選ばれるなら, 正解にたどり着くまでの質問の回数の期待値がエントロピーになるわけです.

情報学的エントロピーについては, これですべてです. この概念が自然科学や数学のさまざまな場所に姿を現すのは, 確率分布

---

5) 以上の性質に加えて各 p_i について連続ならば, h は定数倍を除いて上式(1)に定まることが, 前出シャノン「通信の数学的理論」の付録2で証明されている.

の偏りを測る基本的尺度であるという観点からすれば，当然とも言えましょう．

8.3　熱力学・統計力学のエントロピー

歴史的順序からすればエントロピーという言葉が最初に導入されたのは熱力学の分野で，上で見た情報学的エントロピーはその後になります．

実際，クラジウス(1822-1888)が熱の流れを説明するため導入した物理量に，古代ギリシャ語の「変化(トロペー)」に因む「エントロピー」の語を採用したのが始まりです．

熱力学の第二法則を唱えたクラジウスは，温度の高い物体から低い物体に熱が流れていくとき，温度 T 当たりの微少な熱量 dQ として微少量 $dS = dQ/T$ を定義し，第二法則を「エントロピー S は常に増大する」という言葉で表現しました．

クラジウスとシャノンの間をつなぐ，重要な発展は統計力学の誕生です．つまり，熱や温度や圧力といったマクロな熱力学的現象を，原子や分子のミクロな運動の集団的，統計的な性質として導こうという試みでした．この最も重要な人物は，マックスウェル(1831-1879)，ボルツマン(1844-1906)，ギブス(1839-1903)の三人，特にボルツマンでしょう[6]．

ボルツマンはクラジウスのエントロピー S が，マックスウェルが導いた平衡状態の分布に対する関数 H の値で $S = -kH$ (k はある定数)と表せることを示して統計力学の扉を開き，ギブスはこれらの仕事に基づき統計力学の礎を築きました．

シャノンが情報の偏りの尺度を導入して「エントロピー」と名

---

[6] この三人による進展の解説としては，名著『物理学とは何だろうか』(朝永振一郎，岩波新書)の下巻を第一に薦めたい．

付けたのは，その半世紀後ですが，この命名はフォン・ノイマン(1903-1957)の提案だという有名なエピソードがあります[7].

　曰く，それには二つの利点があって，第一にこの関数は統計力学でエントロピーの名の下に用いられているし，第二に，より大事なことには，**エントロピーがいったい何なのか誰もちゃんとわかっていないので**，議論で有利だからだ，と.

　この逸話は信憑性が疑われていますが，とにかくこのとき，二つの概念に同じ名前が採用されることが決定したわけです．しかし，以下では混乱を避けるために，情報学的エントロピーのことを(シャノンの)「情報尺度」[8]と呼び，(熱力学的，統計力学的)エントロピーと区別することにしましょう.

　では，エントロピーがどのように計算されるのか，そして情報尺度とどういう関係があるのか，最も簡単な一次元区間の理想気体で見てみましょう.

8.4　理想気体のエントロピー

　箱の中の気体とは，たくさんの気体分子が箱の中に閉じ込められている状態のことです．問題を簡単化して，箱を一次元区間とし，閉じ込められた気体分子たちは点粒子であり，分子間力はないとします.

　さらに重要な仮定として，この気体は一定のエネルギーを持つ「平衡状態」にあるものとします．つまりマクロな視点では(温度，気圧など)，この系は安定しています．しかしミクロな視点では，各分子は自由に飛び回り，全体としていろいろな状態をとっています.

---

7) この逸話の源は Tribus-McIrvine(1971).
8) この名前は本稿だけのもので，一般的ではない.

　同じマクロ状態を与えるミクロ状態がたくさんあるわけですが，そのミクロな状態がどれくらいあるのか，その可能性の広さを測ることが目標です．

　このミクロな状態には位置に関するものと運動量に関するものがあります．位置と運動量は（ほぼ）独立ですから[9]，それぞれの可能性を数えてみましょう．

　まず各粒子が箱の中にどこにいるのか．各粒子の位置は他の粒子と無関係で，粒子は非常にたくさんあるので，一個ごとの確率分布がわかれば十分です[10]．

　そして，この分布は平衡状態の仮定からして，この区間上の一様分布でしょう．区間内のどこの領域も同質で，そこに入ってくる粒子と出ていく粒子がバランスしているはずだからです．

　次は運動量について考えましょう．やはり各粒子の運動量の確率分布がわかれば十分です．点粒子の質量を m，速度を v とすると運動量は $mv^2/2$ ですが，この速度 v はどのような確率分布に従うのか．

　位置の場合は一様分布が当然に思えましたが，速度は $-\infty$ から ∞ までの値をとりえますから[11]，一様分布は仮定できません．気体全体での運動量が無限大になってしまうからです．

　では，速度はどのような分布に従っていると仮定するのが自然なのか．先に答を言ってしまえば，正規分布（ガウス分布）です．

---

9) ほぼ，と断わったのは，正確には位置と運動量の間には量子力学的相関があるからである．
10) 系全体の状態の数を粒子ごとの状態から計算するとき，各粒子が互いに区別できるかどうかがトリッキィな論点になる．各粒子が区別できないなら，その分だけ状態の数が減る．
11) 特殊相対性理論によれば粒子の速さは光速以下だが，一様分布では全体の運動量が発散することは変わらないし，以下の議論も通常の状態の気体において非常に良い近似である．

しかし，それがなぜなのかは，なかなか納得しにくい問題です．

マックスウェルは平衡状態であること，つまり上で位置の領域への出入りを考えたように，運動量の空間での領域への出入りがバランスしなければならないことから，この分布を導き出しました．

ボルツマンはこれらの分布の H 関数の値でエントロピーが書けることを示しました．そして，この H 関数は（定数倍と符号の違いを除いて）シャノンの情報尺度とまさに同じ形でした．後から振り返ってみれば，エントロピーとは平衡状態の分布の情報尺度の値だったわけです[12]．

ボルツマンらの議論は物理学と確率論の仮定が複雑にからみあっていてわかりにくいのですが，現代の私たちにはすっきりした視界を与えてくれる武器があります．それは「最大エントロピー原理」です．

この原理の主張は，ある確率変数が部分的に条件づけられているとき，その確率変数はこの条件のもと，情報尺度を最大にする分布に従うと仮定するのがもっともらしい，ということです．

今の場合，閉区間において最大の情報尺度を与える確率分布は一様分布であり，実数全体で最大の情報尺度を与える確率分布はガウス分布なので[13]，平衡状態にある理想気体の状態の分布は情報尺度を最大にする分布なのです．

もちろんさらに，なぜ最大エントロピー原理が成り立つのか，

---

[12]「統計力学において，p_i は，ある位相空間のセル i にシステムが存在する確率を示している．そのとき（シャノンの情報尺度）H は，例えば，ボルツマンの有名な H 定理の H となる」（前出シャノン「通信の数学的理論」第 I 章 6 節より）

[13]『数学セミナー』（日本評論社）2018 年 6 月号，「試験のゆめ・数理のうつつ」（時枝正）連載第 9 回「確率：エントロピーでえらび，母函数できわめる」に正確な定理の記述と証明を含め，面白い解説がある．

どうして自然は情報尺度を最大にする分布を選ぶのか，と問わざるをえません．この疑問は熱力学の第二法則とも関わってきます．

8.5　熱力学の第二法則へ

エントロピーの問題は，その出自からも明らかなように，熱力学の第二法則を避けては通れません．また，一般的なエントロピーのイメージもピンチョンと同様，常にこの法則とセットになっています．

では，（孤立した系の自発的過程において）エントロピーが常に増大する，という第二法則はいったいどこから導かれるのでしょうか．これを原子や分子の単純な力学から説明したいと考えるのは当然でしょう．

しかし，上で述べたエントロピーの定義や計算では系の平衡状態を仮定した以上，当然ながら，どのような時間発展をするのかは何も言えません．

ボルツマンは系の分布が従うべき時間変化を力学的な仮定から導き，この分布の変化に対して H 関数が常に減少することを示しました（H 関数と情報尺度は符号が逆）．いわゆる「ボルツマンの H 定理」です．平衡状態のエントロピーはこの極小値になります．

問題はこれが熱力学の第二法則の証明なのかどうかです．実際，さまざまな批判がボルツマンに寄せられました．その反論の中でボルツマンは，分布の「確からしさ」という観点と，「エルゴード性」と呼んだ数学的仮定を打ち出しました．

エルゴード性の本質は，分布の確からしさを時間の中での確からしさに転換することです．すなわち，H 関数が小さい（情報尺度が大きい）分布ほど確からしく，時間の中でより多くの割合を占めるから，その方向に系が発展する（ように観測される）のだ，

と.

　熱力学の性質を系の状態に関する情報と確率の観点から説明しようというプログラムは，ここから始まったわけです．とは言え，かなり理想的な系についてすら残された問題は多く，ボルツマンの夢は今も完成していないどころか，その道は遠いようです．

　ボルツマンの夢を含め統計力学の問題は，物理学，確率論，解析学，力学系，情報理論など多くの分野の交点にあり，難しくも興味深い問題です[14]．また，自然法則に確率論がどう役割を果たすのか，という本質的に重要な問題でもあります．

　本章の目的はエントロピーについて，できるだけ比喩に陥ることなく，やさしく，簡潔にご紹介することでしたが，ここから統計力学と確率論の深い世界が広がっていることもご想像いただけたならば幸甚です．

---

14) 興味を持った読者には出発点として舟木直久氏の論説「ボルツマンの夢──統計力学，確率論そして解析学」(『数学のたのしみ』(日本評論社)No. 4, 1997)を薦める．歴史的解説の他，最も単純なモデルである酔歩する多粒子の計算が紹介されている．

········· ···˙·✦　第 **9** 章　✦·˙··· =========

負の確率，のようなもの

魔法のコイン，正負の打ち消し，超検索，その他の物語

> 「酒に酔っているときは(これはひとつの極端じゃがね)，ひと
> つのものもふたつに見える．ところが，極端に酒を飲まないと
> (これはもうひとつの極端だ)，ふたつのものをひとつに見てし
> まう．いずれにせよ不都合に変わりはない」
>
> 『シルヴィーとブルーノ』(ルイス・キャロル，
> 柳瀬尚紀訳，ちくま文庫)，第十章「別乃教授」より

9.1　負の確率を持つコイン？

　第6章に見た主観確率の理論では，合理的な人が見積る確率は
0以上1以下の実数でなければなりませんでした．確率空間によ
る数学的定義でも，確率は常に0以上で合計は常に1です．しか
し，もし「負の確率」があったらどうでしょう？

　コイン投げを考えてみましょう．表と裏が出る確率をそれぞれ
p, q とすると当然，$0 \leqq p \leqq 1,\ 0 \leqq q \leqq 1,\ p+q=1$ を満たさな
ければなりませんし，逆にこのような実数 p, q はコイン投げの確
率だと解釈できます．

これをグラフで図示しますと，以下図 9.1 の線分 PQ の上にコイン投げの確率の世界がすべて表現されていることになります．

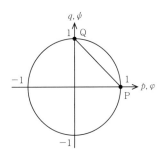

図 9.1 確率とその平方根

これはどうも窮屈に見えます．そこで，マイナスかけるマイナスがプラスであることを思い出して，二乗すると確率になるものを考えてみましょう．

つまり，このコインは「内部状態」として，実数 φ と ψ を持っています[1]．そして，この二乗 $p = \varphi^2$，$q = \psi^2$ が表と裏が出る確率 p, q であるようにふるまうのだ，と考えます．

すると，これら (φ, ψ) は $\varphi^2 + \psi^2 = 1$ を満たすもの全体ですから，確率の背後にある状態の世界は図 9.1 の円周になります．確率と違って，状態は負の値もとることに注意してください．

円は線分よりずっと対称性が高いので，なにかとても良いことが起こりそうな予感がします．このコインを「魔法のコイン」と呼ぶことにしましょう．

_____
1) この φ, ψ は複素数の範囲まで考える方が自然だが，ここでの説明には実数で十分であり，わかりやすくもある．

9.2　魔法のコインへの操作

　魔法のコインのふるまいは普通のコインと同じなので，もちろん，このままでは良いことはなにも起こりません．そこでコインへの操作を考えます．

　例えば，表と裏が出る確率がそれぞれ p, q のコインに対し，表裏の確率を交換するような操作：$(p, q) \mapsto (q, p)$ があるものとします．

　これをコインに呪文をかけると性質が変わる，または，コインを入れると性質が変わって出てくる箱がある，と想像していただいてもよいでしょう．

　この交換操作は直線 $p = q$ に関する折り返しです．しかし，確率 (p, q) にはこの他に，あまり良い変換がないことにも気づかれると思います．

　一方で，円周上の状態 (φ, ψ) については，良い変換がたくさんあります．任意の角度の回転と，原点を通る任意の直線に対する折り返しです．

　例えば 45 度の回転を考えてみましょう．具体的に成分で書くとこうです[2]：

$$(\varphi, \psi) \mapsto \left(\frac{1}{\sqrt{2}}(\varphi - \psi), \frac{1}{\sqrt{2}}(\varphi + \psi) \right).$$

　この変換を確実に表か裏の一方だけが出るコインに施すと，表裏の確率が半々のコインに化けます．再び同じ変換をすると 90 度回転ですから，表裏が逆の結果が確実に出るコインになります．面白いですね．

---

[2] これは一般のアダマール変換の特別な場合なので，（やや大袈裟だが）この文脈でもアダマール変換と呼ぶことが多い．

このように，魔法のコインの状態の全体は円周上に住んでいるので，いろいろな良い線形変換ができることが味噌です．状態 (φ, ψ) は（円周上に限られますが）ベクトルだと考えることができます．

表か裏の一方だけが確実に出るコインを純粋状態と呼ぶことにしますと，状態 (φ, ψ) は重み φ, ψ で純粋状態を線形結合した「重ね合わせ」であり，純粋状態の重ね合わせの線形変換は純粋状態の線形変換の重ね合わせです．いわゆる線形性ですね．

この見方を変えれば，一枚の魔法のコインに変換を施すと，表と裏の二つの純粋状態への操作の結果が同時に得られるということです．とすると，m 枚のコインを用いれば，2^m 通りの純粋状態それぞれに対する計算の答が，一度で得られるのではないでしょうか？

9.3　コインのもつれあい

この可能性を追求するため，まずは二枚のコインから始めてみましょう．いま，それぞれ (φ, ψ) と (φ', ψ') の状態にある魔法のコインを考えます．

この二枚を投げますと，表表，表裏，裏表，裏裏の $2^2 = 4$ つの結果が確率的に得られます．この状態は4次元の（円周上の）ベクトルで $(\varphi\varphi', \varphi\psi', \psi\varphi', \psi\psi')$ と書けます．

でもこれは無関係な二枚のコインが並んでいるだけです．逆に言えば，上のように書ける状態は，無関係な二枚のコインの状態に分解されてしまいます．

このように分解できない状態はあるでしょうか．もちろんあります．例えば $(0, 1/\sqrt{2}, 1/\sqrt{2}, 0)$ の状態[3]はどうしても一枚ずつのコインの状態に分解できません（演習：これを確認せよ）．

このような状態のことを「もつれ」と言います．もつれあった

コインは互いに関係しているわけで，何らかの自明でない計算を示しています．

　魔法のコインで計算するには，このもつれを利用して一種の論理回路を作る必要があります．例えば，二枚のコインへの以下の操作 CZ がそうです．

　この操作は，一枚目のコインが裏のときに限り，二枚目のコインの裏に対する重みの正負を反転します(Z)．一枚目のコインには何もしません．つまり，一枚目のコインが「制御(C)」用で，このスイッチがオンのときだけ二枚目のコインに Z 操作をします．

　ただし，魔法の魔法たる所以は重ね合わせ状態への操作ですから，一枚目のコインが純粋状態でないときにもこの操作は定義されています．

　実際，この操作を表表，表裏，裏表，裏裏の順に状態を並べたベクトルへの操作で書けば，

$$CZ: (\varphi_1, \varphi_2, \varphi_3, \varphi_4) \mapsto (\varphi_1, \varphi_2, \varphi_3, -\varphi_4)$$

で，もちろんこれは線形変換です．（演習：この結果が一般には「もつれ」であることを確認せよ．）

　普通のコンピュータが，0か1の値一つか二つの入力に対し0か1の値を返す論理ゲートで作られていることは，皆さんもご存じでしょう．しかもどんな論理ゲートも NOT（否定）と AND（積）のような基本ゲートの組み合わせで作れるのでした．

　同様にして魔法のコインの計算機も，上で見たような一枚のコインに対する操作と，CZ のような二枚のコインへの基本操作だ

---

3) この例を「EPR 状態」や「EPR 対」と言う．アインシュタインらが量子力学を批判した有名論文，Einstein-Podolsky-Rosen "Can Quantum-Mechanical Description of Physical Reality Be Considered Complete?" (1935)にちなむ．

けで構成できます.

　この魔法の計算機は純粋状態のコインも受け付けますから，普通の計算機を含んでいます. しかしすごいのは，重ね合わせ状態のまま計算できることです. m 枚のコインで 2^m 通りの入力に対する計算を同時に行えるのです. 素晴らしい！

　「だまされないぞ」と賢明な読者の皆さんは思ったところでしょう. と言うのも，我々は魔法のコインの内部の状態を知ることができず，そのふるまいは普通のコインと同じだからです.

　つまり，魔法の計算機があったとしても，その計算結果を知るためコイン投げを実行すると，2^m 通りの結果の一つがランダムに観測されるだけです. なんとかならないでしょうか.

　実はなんとかなる場合があります. 我々は負の状態を利用して，**正負を打ち消すことで不用な状態を刈り取ってしまえる**可能性があるのです.

9.4　数の性質当てゲーム

　ちょっと人工的かもしれませんが，以下のような「数の性質当て」ゲームを考えましょう. まず少し言葉を用意します.

　ある自然数が「一斉ビット」とは，二進法 N 桁で書いたときすべてが 0 か，すべてが 1 であることです. また「均等ビット」とは，その数を同様に書いたとき 0 と 1 の個数が等しいことです. 例えば $N = 4$ のとき，15 は二進法で書くと 1111 なので一斉ビット，5 は 0101 なので均等ビットです.

　いま，中身が見えない箱の中に，二進法 N 桁(N は偶数)で書いた自然数が入っています. この数が一斉ビットか均等ビットであることはわかっています. 目標はそのどちらであるかを当てることです.

　あなたができることは，指定した桁の数字が 0 か 1 か訊ねるこ

とだけだとします．さて，この数の性質判定に何回の問い合わせが必要でしょう．

少なくとも同じ桁の数字を二度以上訊ねるのは無駄ですし，各桁は無関係なので，（例えば先頭から）順に問い合わせるしかありません．

最悪のケースは，1 番目から $N/2$ 番目までがすべて 0（またはすべて 1）だった場合です．このときはもう一桁を知る必要がありますので，判定に必要な問い合わせ回数は（最悪）$N/2+1$ 回です．

では，もしこの箱が上で見たような，魔法のコインへの操作を組み合わせて作られた，魔法の計算機だったとしたらどうでしょう．

簡単のため，桁数 N が自然数 m で $N = 2^m$ と書けるとすると，m 枚のコインの表裏を二進法の $0, 1$ と解釈して，指定する桁番号を表せます．

この箱はこれらのコインを入力として受け付け，その意味する桁番号の数字が 0 か 1 かを，魔法のコインによる出力で教えてくれるわけです．

そしてこの箱は表裏の状態を重ね合わせたまま「演算」が可能です．よって，$N = 2^m$ 通りの可能性をたった一度でチェックして，そのすべての結果を重ね合わせて答えてくれます．

でも，答を知るためにコイン投げをするとそのうちの一つの結果がランダムに……いやいや待ってください．ここで素晴らしいトリックを使います．

指定された桁の数字が 0 か 1 かに応じて状態の符号を反転させるのです．これで重ね合わせ状態は各状態の符号がすべて同じか，正負半々かのどちらかになります．この二状態の内積は正負が打ち消されて必ず 0 なので，常に直交しています．

よって，前者を特定の純粋状態に写す回転で，コイン投げの結果が異なる二状態に変換できるのです．この計算は $N = 2^m$ 回程度の問い合わせが必要なところを，たった一回で済ませます[4]．

これは十分高い確率で正解が得られるという意味の確率的アルゴリズムではなく，常に正しい答が得られる確定的な計算であることにも注意してください．

これは問題が上手に設定されているせいではあるでしょう．しかし，もし魔法のコインと操作があれば，普通の計算機よりずっと速く(時には指数的に高速に！)計算できる問題が存在することも確かです．

そしてそのトリックは，負の状態をうまく用いることで余分な可能性を正負でキャンセルさせ，答をまとめあげることにある．ここが肝です．

9.5 データベースの超検索

次はもっと実用的な問題を考えてみましょう．今度は，秘密の数の特殊な性質ではなく，その数自体を当てます．つまり，データベース検索です．

秘密の数 x は N 以下の自然数とします．この秘密を知るブラックボックスがあって，自然数を問い合わせると，それが x と一致した場合に限り YES，それ以外の場合には NO と答えます．

秘密の数を当てるには何回の質問が必要でしょう．もちろん，最悪の場合は $N-1$ 回です．また，秘密の数の選択が公平にランダムならば，期待値として約 $N/2$ 回の問い合わせが必要です．

では，もしこのブラックボックスが魔法のコイン仕様ならばど

---

4) このアイデア(と問題設定)はドイチュとジョサによる．D. Deutsch-R. Jozsa "Rapid solutions of problems by quantum computation" (1992).

うでしょう．簡単のため $N = 2^m$ とすると，m 枚のコインの表裏による二進法で表した N 個の数を重ね合わせて一度で問い合わせできます．

　ただし，それらの答も重ね合わせて返ってくるので，コイン投げを実行したとたん，$1/N$ の確率で YES と答えるだけの残念な結果になりそうです．

　しかし，実はこの問題でも「負の状態との打ち消し」が使えるのです．これは問題が単純な数当てに過ぎないだけに，かなり意外ではあります[5]．

　ポイントは，すべての可能な純粋状態を等しい重みで重ね合わせた入力 s に対し，正解 x に対応する（純粋）状態 x の重みだけを増やし，x の確率を増加させることです．

　まず，この箱は（純粋状態で言えば）コインの組が示す数が x であるときのみ，その状態の符号を反転することで，YES を示すとします．

　重ね合わせ状態で言えば，N 通りの状態を均等に重ね合わせた状態を受け付けて，「当たり」状態 x の重みだけをマイナスにひっくり返し，他の状態と重ね合わせた答を返すわけです（図 9.2 の操作 R_x）．

　この操作は状態の空間の中で，状態 x に直交する超平面についての鏡映（折り返し）なので，魔法の操作として実現できることに注意してください．

　さて，私たちが観測できる確率は状態の二乗ですから，まだ何も嬉しくありません．そこで二つ目のトリックです．このマイナ

---

5) 確率 $1/N$ に対しその状態は $1/\sqrt{N}$ だから，$\sqrt{N}$ オーダまで改善できて当然だ，と思う人は抜群の数学の才能があるか，"sense of wonder" がないかのどちらかだろう．脚注 8 も参照．

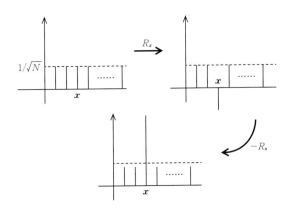

図9.2　各状態の重みの変化

スの状態で他の状態のプラスを(少し)打ち消すのです.

　具体的には，最初の均等重ね合わせ状態 s に直交する超平面について鏡映をとり，(-1) 倍します. これは鏡映と回転の合成ですから，上と同様に魔法の操作として実現できます.

　これによって，(N が十分大きいとき)x のマイナス状態が $3/\sqrt{N}$ 程度のプラスに，x 以外の状態は $1/\sqrt{N}$ より少し小さいプラスになります(図9.2 の操作 $-R_s$). 重ね合わせ状態は「当たり」の重みを少し多く持つことになるわけです[6].

　この変換を $\sqrt{N}$ 回程度繰り返せば，ほぼ確実に「当たり」である状態が得られます. これは指数的改善に比べれば遥かに劣りますし，確率的アルゴリズムではありますが，なかなかの効率化だと言えましょう[7].

---

6) この変換を $N=2$ で図示してみることは理解の助けにはなるが，状態 x の確率が増加するのは $N \geqq 3$ のとき. また，状態がすべて非負になるのは $N \geqq 4$ のとき. 実際，変換後の状態は $\{(N-4)/N\}s+\{2/\sqrt{N}\}x$ である.

9.6 魔法のコインとは

ふりかえってみると，魔法のアルゴリズムの味噌は，マイナスの状態をうまく用いて，不用な状態をキャンセルすることにあるのでした．すべての可能性を一つに重ね合わせられることも大事です．しかし，それは確率の世界でも同じことですから，魔法はあくまで負の状態の利用にあります．

これがうまくできるタイプの問題では，通常の計算コストの壁を超えられます．また，この魔法による効率化は指数的にまで達する可能性もありますが，それほどでもないかもしれません[8]．

また，そのアルゴリズムは望むだけ高い確率で正解が得られるという意味で確率的なこともあれば，確実に正解が得られる場合もあります．有力なアルゴリズムの多くは確率的ですが，常にそうとは限りません．

さて，魔法のコインによるアルゴリズムを見てきましたが，皆さんもお気付きのように，これは量子コンピュータのための量子アルゴリズムでした．

魔法のコインとはミクロな現象の量子力学的性質に他ならず，魔法の操作も実在します．ただし，これらを用いて実用的な量子コンピュータが作れるかどうかは，その挑戦が進展中です[9]．

---

7) この変換をグローバー変換，全体をグローバーのアルゴリズムと言う．L. K. Grover "A fast quantum mechanical algorithm for database search" (1996).

8) 実際，単純な数当て問題では，$\sqrt{N}$ オーダが最善であることが，（グローバーのアルゴリズム発見以前に）証明されている．

9) この分野への気楽な入門書として，『量子コンピュータ』(竹内繁樹，講談社ブルーバックス)を薦めたい．なお，本章の図 9.2 も同書 p. 152 の図 5-9 を参考にした．

第 **4** 部

推 理

······ ✦ 第 10 章 ✦ ·······

統計のこころ

死人を数える, シンプソンのパラドックス, 真のブショネ率, その他の物語

> その書く文字は是のごとし. メネ, メネ, テケル, ウパルシン.
> その言の解明は是のごとし. メネ(数へたり)は神汝の治世
> を數へてこれをその終に到らせしを謂なり. テケル(秤れり)
> は汝が權衡にて秤られて汝の重の足らざることの顕れたるを
> 謂なり. ペレス(分たれたり)は汝の國の分たれてメデアとペ
> ルシヤに與へらるるを謂なり.
>
> 『舊約聖書』,「ダニエル書」より(5:25-28)

10.1　確率と統計の仲

　確率論と統計学は似て非なる分野で, 互いの間の交渉もさほど
ないように見受けられます. これにはお国柄もあるらしく, 日本
では相当に疎遠でも, イギリスでは互いの分野の教養が相当にあ
るようです.

　理由はよくわかりませんが, 今は亡き大先生から私が漏れ聞い
たところでは, 日本の確率論コミュニティは始まりの頃から, 自
分たちは決して応用数学ではないぞ, 断じて純粋数学の一分野で

あるぞ，と外部に向けてしきりに頑張る傾向があったとのこと．
それが遠因の一つかもしれません．

　一方，イギリスではそもそも応用数学の伝統があり，とりわけ
統計学の学問的ステイタスが非常に高い．そんな環境の中で，確
率論が統計学の理論的背骨として育ってきた，という流れがある
からには，互いの深い理解があって当然ということになりましょ
う．

　私の専門は確率論でしたが，やはり和風なのか，正直に言って，
統計学をよく知らないことを白状します．どのくらいかと言うと，
あなたは確率論の専門家なのだからと「確率・統計」や「数理統
計」の講義を担当させられる羽目になるたび，入門書を読み直し
ていたほどです（これは日本の確率論の専門家にはしょっちゅう
起こる事態だと推察します）．

　ちなみに，こういうときには同じ確率論分野の著者の「確率・
統計」の教科書で勉強するのがコツで[1]，統計学の専門家が書い
た本だと私の頭に入ってこないのですね．言葉遣いやセンスの違
いでピンとこない．それくらい日本では確率論と統計学のコミュ
ニティが遠いから……というわけでもないでしょうが．

　とは言え，確率論と統計学が遠い関係で良いはずがないことは
確かでしょう．また，確率論が数学で，統計学はその応用，とい
う決めつけで良いわけもない．二つの分野は同じ知的関心から生
まれ，互いに影響を与えあいながら育った兄弟なのですから．

10.2　「死人を数えた男」

　「統計」の考え方がいつ始まったのか，これはなかなか難しい問

---

1) 著者（私）のお気に入りは，『統計と確率の基礎』（服部哲弥，学術図書出版社）と
　『確率の基礎から統計へ』（吉田伸生，遊星社）．

題ですが，現代的な統計学の出発点については，ジョン・グラント（1620-1674）が1662年に出版した『死亡表に関する自然的かつ政治的観察』を挙げることが多いようです[2]．

パスカルとフェルマーが往復書簡で確率の問題を議論したのは，このグラントの仕事とほぼ同時期の1650年代ですから，確率論と統計学は足並みを揃えて歩み始めたわけです．おそらく，時代の精神の影響というものでしょう．

グラントは有能なビジネスマンで，公職にもいくつか就きましたが，専門的学者ではなくアマチュア研究者です．ちなみに，長老派牧師だったベイズも数学や科学の研究は趣味でした（しかも生前には独自研究を何も発表しなかった）．このアマチュアイズムもイギリス的個性なのかもしれません．

それはさておき，グラントが上記の本にまとめた仕事は死人を数えることでした．当時のイギリスではペストの襲来が国家的大問題になっていて，グラントはその客観的データを提供しようとしたわけです．

さらに，グラントの仕事は，ロンドンの人口構成と動態，生産年齢の人口，年齢ごとの死亡率の推定にまで及びました．この最後の「年齢別死亡率」は今で言う「平均余命表」の出発点ですから，生命保険業界は氏に大いに感謝すべきでしょう．

この仕事にあたって主な問題の一つは，基礎となるべき収集データが信用ならないことでした（グラントが一次データに利用したのは教区ごとに報告されていた出生死亡表[3]）．この問題に気づいたこと自体が非凡な統計学的センスですが，さらにグラント

---

2) "Natural and Political Observations Made upon the Bills of Mortality"(1662)．この書から始まったアプローチは「政治算術（"political arithmetic"）」と呼ばれ，この語はイギリスでは19世紀に入るまで「統計学」の意味で広く使われた．

はこの解決のため，各所で見事な創意工夫を発揮しました．

　おそらく，グラントの仕事が現代的統計学の出発点とされる理由は，単に「数えて，まとめた」ことではなくて，この「比較し，推理した」部分にもあるでしょう．

　例えば，ペストや性病など，当時「不名誉」と考えられていた病気は，意図的に過少申告または誤分類されていました．また，さほど医学が発展していなかった当時は病気の分類そのものが流動的で，ある病気が新たに登場したのか，新しく分類し直されただけなのか，一見して不明でした．

　これらの問題に取り組むときにグラントが利用した主な武器は，「割合（比率）の比較」です．例えば，死亡者数の増加率と，ある特定の死因の増加率を比較すれば，その死因が実際に増加しているのかどうか，手がかりが得られます．

　当たり前のようですが，データを割合や比率の言葉で比較可能にすること，プラス，何に注目して，何と何を比べるかのアイデアが，思いがけない統計的推論を可能にするのです．

　たしかに現代から見れば，17 世紀のグラントの仕事は，素朴かつ粗雑で，精度も低く，稚拙でしょう．そもそも割り算しか使っていないのですから．しかし，グラントと同じレベルの統計的推論のセンスと独創性を発揮できる「データアナリスト」が，今どれだけいるのでしょう．

　やや挑戦的な言い方になりますが，統計分析でクリティカルなのはデータに向かい合う態度，詳しく言えば，正しい確率論と統計学の知識と，正直で独創的な分析のセンスであって，公式やメ

3）ちなみに，週単位と年単位で集計されたものが年間購読の形で出版されていて，一般大衆にも人気があった．近所にペストで死んだものがいるか知るためである．『世界を変えた手紙』（デブリン，原啓介訳，岩波書店）参照．

ソッドやソフトウェアライブラリの使い方に習熟することではない，と私は強く主張したいと思います．

10.3　シンプソンのパラドックス

　われわれは確率論や統計学における「割合（比率）」という概念の価値を侮りすぎているのではないか，と思うことがあります．そもそも確率自体が割合ですし，平均値，期待値，スケーリング等々，確率と統計のほとんどすべての問題が，この概念を中心に回っていると言えるのではないでしょうか．

　このことを忘れて，つい軽視してしまうのは，それがただの割り算にすぎないからでしょう．しかし意外にも，統計においては割合がトリッキィなこともある，という例を挙げてみたいと思います．

　以下の問題を考えてみてください．ちなみに「ブショネ」とは，コルク栓の腐敗によるワインの不良品のことです．

問題 10.1　ワイン販売店を営むあなたは，二つの輸入業者 A 社と B 社からワインを仕入れている．赤ワインについては，A 社から仕入れたワインの方が B 社よりブショネ率（ブショネ本数/仕入れ本数）が低く，白ワインについても同じく，A 社の方がブショネ率が低いことがわかった．

　このことから，赤白あわせたワイン全体でも A 社の方がブショネ率の低い，信頼できる業者であると考えることは正しいか？

　ほとんどの読者は，「その通り，もちろん A 社の方がブショネ率が低い」とお考えになるのではないでしょうか．実はこの推論は間違いです．私もこの「シンプソンのパラドックス」[4]を理屈の上では理解していますが，どうしても正しく思えて仕方があり

ません.

　実際に具体的な数字で，上の推論が成り立っていない例を挙げましょう（表10.1）[5]. 各数字はブショネ率にしては高すぎますが[6]，本質とは無関係ですのでお気になさらず.

表10.1　各輸入業者のブショネ率（ブショネ本数／総本数）

輸入業者	A社	B社	合計
赤ワイン	15/100	20/100	35/200
白ワイン	100/400	3/10	103/410
合計	115/500	23/110	138/610

　この表で，赤ワインについては，15%対20%でA社の方がブショネ率が低く，白ワインについても $100/400 = 25\%$ 対 $3/10 = 30\%$ ですから同様です. しかし，赤白ワインを合計してみると，A社 $115/500 = 23\%$ に対しB社 $23/110 = $ 約 20.9% となって，A社の方がブショネ率が高くなっています.

　どうして私たちはシンプソンのパラドックスに陥ってしまうのでしょうか. もし，上の問題が以下のような形で提出されていたら，あなたはどう答えていたでしょう.

問題 10.2　いま，8つの数 (a, b, c, d, A, B, C, D) の間に，以下の関

---

4) E. H. Simpson "The interpretation of interation in contingency tables", *J. R. Stat. Soc.*, B, **13**, pp. 238–241 (1951).「シンプソンのパラドックス」という呼び名は Blyth（1972）が初出.

5) この表の数字は J. Haigh "Probability Models"（Springer, 2002）にある例を少し変形して借用した.

6) 現実のブショネ率は伝統的な作り手で5%程度とされていたが，現在ではコルク以外の素材の栓やスクリューキャップが増えている上に，コルク栓自体のブショネ率もかなり下がっているようである.

係が成り立っている.

$$\frac{a}{b} < \frac{c}{d} \quad \text{かつ} \quad \frac{A}{B} < \frac{C}{D}.$$

このとき, 以下の関係が成り立つか?

$$\frac{a+A}{b+B} < \frac{c+C}{d+D}.$$

　もちろん, これは常には成り立ちません. 皆さんは算数の授業で優等生だったはずですから, まさか,「分数の足し算で分母同士, 分子同士を足してはいけない」という教えを忘れてはいないでしょう.

　また, 割合を直線の傾きに翻訳することで, 上の不等式たちを二次元のベクトルの関係に描くこともできます. この図はご紹介しないことにしますが, なかなか興味深い「アーハー!」体験が得られますので, ぜひお試しになってみてください.

　これらの解釈からわかるように, シンプソンのパラドックスの論理的な本質は, 単純な算数の問題です. しかし, これが統計に現れると, 我々は奇妙なことに, 当たり前のはずのことを勘違いしてしまう.

　グラントの仕事のポイント, そして現代的統計学の出発点は割合(比率)を比較することだと上に書きましたが, これには微妙な注意が必要だということになります.

　実際, 異なるグループの比率とその「合計の」比率を比べると, シンプソンのパラドックスと同じ事情で, 存在したはずの相関が消えたり, 逆転してしまったりするのです. また逆に言えば, 全体を部分に分けることで, 幻の相関が現れることにもなります.

　この事実はシンプソンの半世紀も前に,「統計学の父」フィッシャーと並び称される偉大な統計学者カール・ピアソン[7]らによっ

て注意が喚起されていましたし[8]，そのすぐ後にピアソンの弟子
ユールによって詳細に分析されています[9].

　よって専門家には周知の事実なのですが，少なくとも応用の現
場では，この間違いがしばしば目撃できます．私自身，「データ分
析のプロ」がこの誤った推論を主張するのを何度聞いたかしれま
せん．

　しかし，一方で単純にこの錯誤を笑うこともできません．あな
たは，以下の問題にすっきりと回答できるでしょうか．

問題 10.3　医薬品の開発者であるあなたは，ある薬の承認申請
のため，有効性を示す統計を準備している．

　臨床試験は男女別に行ない，男性においても女性においてもそ
れぞれ，薬を処方したグループ，しなかったグループの比較で，
症状が改善される結果が出ていたのだが，ふと男女を合計してみ
ると（シンプソンのパラドックスによって），改善の数字が得られ
ないことがわかった．

　上司に相談したところ，同じ薬を男性用と女性用に分けて申請
すればよい，という妙案を授けられたのだが（おそらく冗談だろ
う），この提案はどこがおかしいのか．あるいは，おかしくないの
か？

7）ちなみに，ベイズやグラントと同様，このフィッシャーとピアソンもイギリス人．
当地で統計学の地位が高いのも当然かもしれない．

8）K. Pearson et al. *Phil. Trans. R. Soc. Lond.* A **192**, pp. 257–330（1899）.

9）G. U. Yule "Notes on the theory of association of attributes in statistics", *Biometrika*
2, pp. 121–134（1903）．この理由で，シンプソンのパラドックスは「ユール–シンプ
ソンのパラドックス」と呼ばれることもある．

10.4 平均としての分数

　統計的な割合や比率の中で最も重要なものは，「平均」の考え方でしょう．例えば，このケースに入ったワインのブショネの割合は5%だった，という計算から，この作り手のワインはいつも5%程度が，つまり「平均して」5%がブショネなのではないか？と考えるのは，わずか一歩の推論ですが，これこそが統計的な推論です．

　なぜなら，割合は特定のサンプルの特徴の指標にすぎませんが，平均の考え方は，全体の特徴への推論につながるからです．統計学では，この「全体」を母集団，推測したいその特徴を母数と言います．つまり，母集団全体を調べる代わりに，一部のサンプル（標本）の比率や割合だけを見ることで，母数を推論することが統計学の基本的問題です．

　あなたはお気に入りのワインを毎月一ケースずつ定期購入しているとして，今月のブショネの本数が X_1，来月が X_2，……とすると，一年間ではどうだろう，十年間ではどうだろう，と考えるのは自然でしょう．もう一歩進めて，このワイン自体の「真実のブショネ率」は何だろう，と考えるのも．

　つまり，n か月でのワインの総本数を $T(n)$ として，n が十分大きいときに，または，$n \to \infty$ のときに，ブショネの数の「平均」である

$$\frac{X_1 + X_2 + \cdots + X_n}{T(n)}$$

が，このワインの「真実のブショネ率」に近いだろうとか，無限に近づくだろう，と考えることです．

　無論，ここに「大数の法則」の姿を見ることは容易です．つまり，確率 p で 1（このワインはブショネ），$1-p$ で 0（このワインは

健全）の値をとる独立な確率変数 Z_n（$n = 1, 2, \cdots$）について，

$$\frac{Z_1 + Z_2 + \cdots + Z_n}{n} \to E[Z_1] = p$$

という定理を思い浮かべることは自然です．しかし，この数学的事実と現実のワインに関するブショネ率との間の関係はいったいどうなっているのでしょう．

　考えてみるとこれは不思議な関係です．実際，「真実のブショネ率」とは何なのか．一つの見方は，このワインがすべて製造されたのち倉庫に納められ，しかも既に製造中止になったので，「ワイン全体」というもの（母集団）があり，（その母数である）このブショネ率がそれだ，というものでしょう．私が一人でこれ全部を飲み尽すならば，つまり母集団全体を調べ尽すならば，何の問題もありません．

　しかし，これは一消費者にすぎない私にとって，明らかに非現実的な仮定です．ほとんどの場合は，全体があまりに多くてすべてを調べられないので，そのうちのわずかな量だけから全体の特徴，すなわち母数を推論したい，ということが動機のはずでしょう．

　それに，通常知りたいのは，製造中のワインについて，新しく買ったワインがブショネである「確率」です．これが真のブショネ率なのでしょうが，ブショネの本数をラプラスの言うところの「可能性の全体」で割り算する，「可能性の全体」とは何なのか．

　我々が考えたい問題には，ワインのブショネ率ほど明確でないものがいくらでもありえます．例えば，一年間に起こる地震の回数がどれくらいかを問題にしている場合，地震全体とは何なのか．こうなってくると，母集団の母数を標本から推理する，という基本の枠組みすら怪しくなってきます．

　どうやら，我々は「可能性の全体」という概念に到達し，その

うちの「割合 = 確率」を考えることから，確率論との接続を果た
すことになります．しかし，この可能性の全体の中の割合，それ
がなぜ，可能性の中のたった一つしか実現しない我々の現実世界
に応用できるのでしょう．

　これが，ラプラスが悩み，フォン・ミーゼスが解決したと思い
こみ，デ・フィネッティが存在自体を否定し，コルモゴロフが理
論家の枠組みにとどまりながらも挑戦し続けた謎です．確率論の
応用や統計学の根幹にある大いなる謎は，この分数の意味を巡る
謎なのです．

$$\cdots\!\cdot\!\leftarrow\!\!\!\!\!+\ 第\ 11\ 章\ +\!\!\cdots\!\cdots$$

逆向きの推理

再びコイン投げ，統計的に有意，科学の危機，その他の物語

> 「しかるに，ある結果だけを先に与えられた場合，自分の隠
> れた意識の底から，論理がどういった段階を経て発展して，
> そういう結果にいたったのか，それを分析できる人間はほと
> んどいない．あとへあとへと逆もどりしながら推理する，もし
> くは分析的に推理するとぼくが言うのは，この能力のことを
> 意味してるんだ」
>
> 『緋色の研究』(A.C.ドイル，深町眞理子訳，創元推理文庫)，
> 第二部 14「結び」より

11.1 コイン投げの常識

　確率論とコイン投げは切っても切れない関係です．私の師匠の
T先生などは，コイン投げだけを例にして確率論の非常に良い教
科書，初学者を入門から始めて最先端にまで連れていけるような，
そんな本が書けるに違いない，と言っていました．実現はされま
せんでしたが……．

　それはさておき，統計的な「推論」をこのコイン投げで考えて

みましょう．ワインのブショネ率でもよいのですが，ブショネ率に比べれば，ある特定のコインを投げたとき表が出る「確率」というものがある，ということは，よほど納得しやすいでしょうから．

とは言え，これまでにも見てきたように，客観的な確率の存在をそもそも認めない極端な主観確率論者もいます．また，ベイズ推定の枠組みでは，更新されていく確率はあくまで実験者の心の中の主観的見積もりだ，とする立場も有力です．

しかし，ここでご説明したいのは，オーソドックスな統計学の検定／推定理論のアイデアなので，このコインを投げたとき表が出る確率 q というものがあるとします．q は 0 以上 1 以下の実数ですが，我々はその値を知りません．これが知りたい，せめて良い見積もりを得たい，というのが目標です．

この q を調べる方法はいろいろありえます．例えば，このコインの形状や質量などを精密に計測して，適当な力学的なモデルを立てて……という方法もあるでしょう．しかし，簡単で実際的な手段としては，何回かコインを投げてみて結果を眺めるのが一番です．

例えば，続けて 10 回投げてみたところ，そのうち 10 回全部とか，9 回も表が出たとしたら，このコインの公平性は疑わしい，と普通は思います．少なくとも，大金を賭けた丁半博打はお断りでしょう．

一方，表が出たのが 10 回のうち 4 回だったら，いかがでしょうか．大体公平なコインとして受け入れてよさそうです．少し裏が出やすいのかも？と思う方もいるでしょう．いずれにせよ，テニスの先攻後攻を決めるために使うコインとしてなら許せそうです．

これらの考え方は，誰もが自然に持っている常識です．これを確率論の言葉で翻訳してみましょう．統計的な推測とは，この常

識を精密に考えてみることにすぎないのです.

11.2　仮説のギャンビット（捨て駒）

　まず,「10回のうち, 10回や9回も表（または裏）が出るような
コインは公平性が疑わしい」という常識を考えなおしてみましょ
う. この根拠は, もしコインが公平ならそんな極端な結果は滅多
に起こらないだろう, ということです.

　では, もしこのコインが公平だったとしたら, 10回投げて10
回とも表が出ることはどれくらい珍しいのか. この確率を計算し
てみましょう.

　10回投げてk回表が出る確率は, 第1章で学校への道を数えた
のと同じで, 10回のうち表が出るk個の場所を選ぶ組合せの数に,
その一つが起こる確率をかけたものです.

　すなわち, 表が出る確率をqとしますと,

$$P_q(k) = \frac{10!}{k!(10-k)!} q^k (1-q)^{10-k}$$

となります. 今は$q = 1/2$（コインは公平）と仮定していますので,

$$P_{1/2}(k) = \frac{10!}{k!(10-k)!} \frac{1}{2^{10}}$$

ですね. このように, $k = 0, 1, 2, \cdots, 9, 10$と起こりうるすべての場
合について, 各々の確率を与えるものを「確率分布」と言うので
した.

　この公式より, もしコインが公平ならば10回中10回とも表が
出る確率は, 1/1024となって, 0.1%以下です. これは非常に低
い確率ですので, 滅多に起こらないでしょう. しかし, 実際にこ
の出来事が起こりました. ということは, コインが公平だとした
仮定は受け入れにくい. これが「仮説検定」のアイデアです.

　しかし, これには推理の手続きとして, 二つほど問題がありま

す．第一に，起こった出来事の確率はどれくらいなら「非常に低い」のか．これは問題と場合によりけりでしょうから，一般的な判断基準として閾値を決めることは不可能です．

　第二に，仮説を却下するための「珍しい」出来事は何かです．現実に10回表が出たのだから，単純に「10回表が出ること」とするのは良くありません．なぜなら，却下したいのは，「コインが公平である」という仮定なので，これを否定するのは「（表裏によらず）極端に偏った結果の一つが出たこと」であるべきです．

　もし，単に「10回表が出たこと」にしてしまうと，否定されうるのは，「裏が出やすい」といった別の仮説です．このような仮説を考えたい場合もあるでしょうが，少なくとも今は違います．

　また一般には，実際に起こった特定の出来事は，多くの可能性のうちのたった一つである以上，そもそも確率が低く，このような推論が意味をなしません．つまり，考えるべき珍しい出来事とは，大抵，実際に起きた出来事を含む集まりとすべきです．

　これらを踏まえると，10回のコイン投げの仮説検定は以下のような手続きになります．まず，「このコインは公平だ（$q = 1/2$）」という仮説を立て，この仮説を却下する「珍しさ」の判断基準を実験の前に決めます．例えば，確率5%以下としましょう．

　棄却するためのこの仮説を「帰無仮説」，この判断基準を「有意水準」と言います．この仮説は，あくまで捨てることが目的，捨てられてこそ意味をなす，ギャンビット（捨て駒）であることがポイントです．

　さて，実際にコインを10回投げてみたところ，表が9回出ました．帰無仮説，つまり $q = 1/2$ の仮定のもと，現実に得られたデータが得られる確率を計算します．ちなみに，この値を「p-値」と呼びます．確率を計算すべき出来事は，上で述べた注意点より，「9回以上表が出るか，裏が出る」です．

このコインが公平ならば，10 回中 10 回表が出る確率は $1/1024$ $= 0.000976\cdots$，9 回表が出る確率は $10/1024 = 0.00976\cdots$ です．よって，表か裏が 9 回以上出る確率は，$(1+10+1+10)/1024 = 22/1024 = 0.0214\cdots$ になります．

この約 2% という確率は有意水準 5% 以下なので，この実験結果は「統計的に有意」であると判断し，仮説を棄却します．すなわち，「このコインは公平ではないだろう」が結論です．

一方，もし表が 7 回出るなどして，有意水準以下の p-値が得られなかった場合は，コインが公平でもたまたま起こりうる程度の出来事だと判断して，「このコインが公平でないとは（この証拠からは）言えない」という結論になります．

このように仮説検定のアイデア自体はやさしく，手続きもさほど難しくは見えません．しかし，仮説検定から得られる結論は誤解されがちです．

例えば，コインが公平だという帰無仮説が 5% の有意水準で棄却されたことは，「95% の確率で公平でない」という意味ではありません．もちろん，棄却できなかった場合も，「95% の確率で公平だ」という意味ではありません．

この誤解の本質は，判断に用いた確率である p-値は，（確率 q の値を仮定して計算した）出来事の確率であって，問題にしている確率 q 自身の確率ではない，ということなのですが，実際，トリッキィであることは否めません．

11.3　幅のある推理

次は，あるコインについて，10 回中に 4 回表が出たとしましょう．常識的には，「このコインの表が出る確率は大体半々か，ちょっと小さいくらいだろう」と思うでしょう．この推論は上で見た仮説検定とは違って，確率の値そのものを推測しようとしていま

すので，より精密な議論を必要とします．

　この推測は大きく二つに分かれます．値をずばり当てようとするもの（点推定）と，この範囲の中にあるだろうと推測に幅をつけるもの（区間推定）です．どちらにもいろいろな手法があります．

　まず，このコインの表が出る確率 q を点推定するなら，それは $q = 4/10 = 0.4$ だと考えるのが自然でしょう．これがなぜ，一番もっともらしい値なのか，論理的にきちんと説明することが点推定の問題です．

　一番素直な説明は「最尤法」[1] と呼ばれるロジックで，「現実に起こった出来事（4 回表が出た）が起こる確率 $P_q(4)$ を最も大きくする q が一番もっともらしい」という自然な推論です．上で見た公式から，$P_q(4) = 210q^4(1-q)^6$ ですから，これを最大にする q を求めれば，たしかに $q = 0.4$ となります．

　一方，区間推定はずっと複雑です．できることなら，例えば「q は 90% の確率で 0.3 以上 0.5 以下だろう」などと言いたいのですが，我々はこの確率 q の確率分布を知りません．知っているのは，表が出る回数 k の確率分布 $P_q(k)$ $(k = 0, 1, \cdots, 10)$ であって，しかもそれは q の値を仮定して計算したものでした．

　このギャップをどう解決するか，という手法が区間推定の各種の方法になるわけですが，本質的アイデアを説明するため，コイン投げの問題で我々の基本論法を押し通してみましょう．

　つまり，確率 q がどのような値だったら，「4 回表が出た」という出来事が受け入れ難いのか．それには，仮説検定のときと同様に，4 回以上，または 4 回以下表が出る確率を計算して，それらが十分低いような q を計算すればよいでしょう．

1）ちなみに「尤」の字義は「ありそうなこと」や「公算」で，「最尤法（最尤推定）」は英語の "maximum likelihood method/estimation" の訳語．

　ただし，これを計算するのはなかなか厄介です．実際，q ごと
に形が変わる確率分布 $P_q(k)$ $(k = 0, \cdots, 10)$ に対して，10 次の不
等式を解くことになります．とは言え，いまは扱っている数が小
さいのでなんとか値が得られます．

　例えば，それぞれ 10% = 0.1 以下で起こる出来事を「確率が低
いので受け入れにくい」とするなら（やや高すぎる確率ですが，小
規模な例で答をまともな大きさにするためです），それぞれ
0.187… と 0.645… と値が得られます[2]．

　つまり，「4 回表が出た」という出来事が受け入れられるような，
確率 q の範囲は 0.187… ≦ q ≦ 0.645… です．この範囲を「信頼区
間」，確率が低いため受け入れられないと判断した基準を「危険
率」，また 1 = 100% から危険率を引いたものを「信頼係数」と言
います．

11.4　区間推定の難しさ

　区間推定も結構簡単だな，と思われたのではないでしょうか．
実際，本質的には仮説検定の考え方をもう少し定量的にしたにす
ぎません．しかし，やはりこれはかなりトリッキィです．

　まず第一に，信頼区間とは信頼係数の表す確率で真の値がそこ
に含まれる，という意味ではありません．仮説検定の場合とまっ
たく同様に，信頼係数は出来事の確率に対する基準であって，q
の確率に対するものではないのですから．

　この間違いは非常に多く，区間推定を日常的に用いている科学
者すら，そう勘違いしている場合があります．おそらく，議論の
トリッキィさの他に，私は「信頼区間」や「信頼係数」の用語，
特に前者が誤解を招く一因ではないかと思っていますが，広く用

---

2) この数値は『確率・統計入門』（森真・藤田岳彦，講談社），p. 107 から借りた.

いられてしまっているのでやむをえません.

　第二の難しさは, この考え方を直接用いるのは煩雑なため, 確率論を用いて便利で強力なメソッドを作ることが, 頻度主義的または客観的な確率を用いる伝統的な(フィッシャー-ピアソン流の)統計学の主題であることです.

　この理由で, ほとんどの統計学の教科書では, 推定したい量が正規分布(ガウス分布)に従っていると仮定して, その推定手法を議論することを中心にしています. 正規分布は期待値と分散だけで決まりますから, この二つのパラメータを推定する問題です.

　例えば, 正規分布の期待値だけが未知である場合は, 同じ形の正規分布が平行移動するだけなので, 非常にすっきりした公式が書き下せます. また期待値と分散の両方が未知でも, それら未知の値が現れない確率分布が導けて, 推測に用いることができます.

　このように, 正規分布がとにかく数学的に扱いやすく, 美しい構造と高い対称性を持つため, これを縦横無尽に用いて精緻な理論と, 標準的な手続きと, 便利な公式群が作り上げられているわけです.

　これらは使うのが簡単であっても, その本質的な推理法を正規分布の特別な性質と複雑な理論とで覆ってしまうため, 意味が誤解されやすく, 間違った適用もされやすい原因になります.

　また, そもそも正規分布の仮定が適切か, という本質的な問題もあります. この仮定がもっともらしい理由は,「どんな分布に従う量でも, その十分大きい標本の誤差の平均は, 適当にスケーリングすれば正規分布にほぼ従う」という中心極限定理です.

　しかし, この素晴しい普遍性はあくまで数学の定理であって, それが応用的に正しい意味を持つかは別問題です. 実際, 数学的に扱いやすい, というだけの理由から, あまりに広く正規分布を仮定してしまっているのが実情でしょう.

11.5 検定／推定理論の罪

　以上のような誤解されやすさは，主観的な見積もりである確率を証拠でアップデートしていく，というベイズ推定の自然さに比べると，一際目立ちます．昨今では，ベイズ推定の復権と流行に歩調をあわせるように，この伝統的な統計手法である検定／推定理論を攻撃する傾向にあります．

　実際，心理学の権威ある論文雑誌が，仮説検定を禁止する方針を公開して，大きな議論を呼ぶという事件がありました[3]．また，統計学の専門家たちからも，科学論文においてこれらの手法が正しく機能していない，という批判が続出しています．

　たしかに，多くの実験科学の論文では，仮説検定の有意水準を特に理由もなく仮定しています（多くの場合，自動的に5%）．これだけが「再現性の危機」の原因ではありませんが，このナイーヴすぎる態度が要因の一つであることは間違いないでしょう．

　実際，有意水準5%で統計的に有意な p-値を得ることは，多くの場合にあまりにも容易です．実験結果を得てから有意水準をずらすようなインチキはさておき，実験がうまく行ったときだけ論文にする，というような無意識の態度からも，簡単に「統計的に有意な」結果が得られてしまいます．

　また，これらの手法が単に誤解されやすかったり，正しく適用することが難しかったりするだけではなく，そもそも統計的有意性の考え方自体，その根本的な論理の弱さからして，主犯に名指しされても仕方がない一面もあります．

　一方で，ベイズ推定や主観確率に基づく手法にも，理論と応用の両面に問題点があり，かつては，科学的な論拠にならないと考

3）1995年，*Basic and Applied Social Psychology* の編集委員たちが発表．

えられていたほどです.

　ではどうすればよいのか. 答はありませんが, いくつかのヒントはあります. まず, 我々は数学的に美しく, 複雑で, 精緻な理論に頼りすぎているかもしれません. もっと素直にデータと向かいあう態度を見直すべきなのかも.

　また, コンピュータの進化で非常に大きなデータを扱えるようになったため, 平均値や分散のような要約量に頼らず, データ全体をそのまま利用する可能性が開け, 広い意味での推理力, 分析力が高まっています.

　これらの方向性は決して新しいものではありません. 以前から, 記述統計や探索的データ解析[4] の文脈で研究されてきたことはその源流でしょう. これらは統計的推測の前段階とされてきましたが, その豊かな可能性を掘り下げるべき時かもしれません.

　また, 確率分布が少数のパラメータで定まることを仮定しない, 「ノンパラメトリック」と総称される手法群もそうでしょう. 特殊な分布の研究が統計学の中心になってきたことには, 数学的に扱いやすいからという以上の, もっともな理由もあります. とは言え, やはり統計的な推理が扱う世界はずっと広いはずです.

　現状としては, 第6章の最後に述べたのと同様, 我々はさまざまな統計的手法を満遍なく勉強し, それらの間の矛盾を承知しながらも, 適宜使い分けねばならない, ということになるでしょうか. そして, データそのものと素朴に向きあい, もっと想像力を働かせること. テューキーが "uncomfortable science" と呼んだ状況においては, どうもそれが不可避のようです.

---

4) これらに興味のある読者には, 主な提唱者であるテューキーによる "Exploratory Data Analysis"(Tukey, J. W., Addison-Wesley, 1977)を薦めておく(残念ながら日本語には翻訳されていない). ただし, この本を過去の名著と見るか, 現代の古典と見るかは, 人とその立場によるだろう.

第 12 章

モンテカルロで行こう

実録「踊る人形」, モンテカルロとメトロポリス, でたらめの効用, その他の物語

発見につながる考え方とは, おそらく漠としたものであろう.
可能な範囲をしぼるために, 新しい枠組みが過去の経験や
潜在意識下の推論に合うように, ランダムな模索を繰り返し
ていくうちに成功にたどりついたものであろう.

『統計学とは何か』(C. R. ラオ, 藤越・柳井・田栗訳, ちくま学芸文庫),
第1章, 4「ランダム性と創造性」より

12.1 実録「踊る人形」

暗号を扱った小説の元祖はポーの「黄金虫」[1], そしてそれ以上
に有名なのは, シャーロック・ホームズが活躍する「踊る人形」[2]
でしょう. これらはもちろんフィクションですが, 同様の暗号が
現れた実話がダイアコニスの解説論文[3]に紹介されています.

---

1)『ポー名作集』(E. A. ポー, 丸谷才一訳, 中公文庫), 所収.
2)『シャーロック・ホームズの復活』(A. C. ドイル, 深町眞理子訳, 創元推理文庫),
　所収.

　ダイアコニスはもとマジシャンという一風変わった経歴を持つ
ユニークな数学者です．その前職の興味の通り，と言うべきか，
トランプをリフル・シャフル[4]したときにカードがどのように混
ざっていくか，という問題の確率論的研究で有名です[5]．

　さて，上記論文によれば，あるときスタンフォード大学の統計
学科に，州刑務所に勤める心理学者から相談が寄せられたとのこ
と．それは囚人が書いた，奇妙な記号が並んだ暗号文らしきもの
は何を意味するのか，という問題でした（図 12.1）．

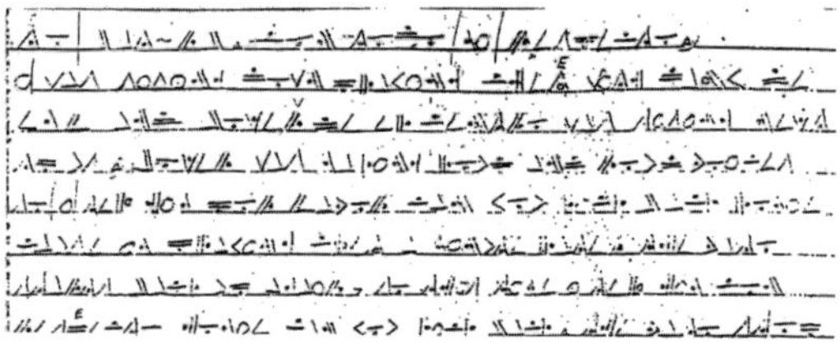

図 12.1　ダイアコニスの同論文 Figure 1 より

　この問題に同学科の学生である二人が取り組みました．「黄金
虫」や「踊る人形」でもそうですが，この記号列は英語の各文字
を他の記号に置き換えた暗号文でした．このタイプの暗号を専門
用語では「換字式暗号」と言います．

　「踊る人形」ではホームズが，各文字の出現頻度に注目してこの

3) P. Diaconis "The Markov chain Monte Carlo revolution", *Bull. Amer. Soc.* **46**(2),
　pp. 179–205(2009).
4) カードを二組に分け，それらを指で弾いて互い違いに噛み合わせることで切り混
　ぜる方法．"Dovetail Shuffle" とも言う．
5) D. Bayer-P. Diaconis "Trailing the Dovetail Shuffle to its Lair", *The Annals of
　Applied Probability* **2**(2), pp. 295–313(1992).「7 回切れば十分よく混ざる」という
　通俗的な説は，この論文の結論を単純化したもの．

暗号を解きます．例えば，英語の文章で最も頻繁に現れるのは通常 "E" で，次は "T", "A" などが続きます．ホームズはこの観察から，最も多く現れている人形の記号が "E" だろうと推理したわけです．

しかし，さすがにスタンフォード大学で数学を学ぶ学生ですから，彼らの方法はホームズよりもはるかに洗練されています．その方法とは「マルコフ連鎖モンテカルロ法（Markov Chain Monte Carlo Method）」，略して「MCMC 法」と呼ばれるものです．名前はちょっと大げさですが，手がかりはホームズと同様に文字頻度です．

12.2 マルコフ連鎖

まず，問題を数学的に設定します．この暗号は換字式暗号である，つまり，英語の文字（アルファベット，疑問符などの記号，数字，空白，など）それぞれを異なる記号で書いたものだと仮定します．

これらの記号に文字のそれぞれを割り当てる方法を「鍵」と呼ぶことにしましょう．我々の課題は，通常の文章を復元できるような正しい「鍵」をどうにかして見つけ出すことです．数学的に言えば，鍵は奇妙な記号の種類たちから通常の文字種類たちへの（1 対 1 の）関数ですね．これを σ と書くことにします．

また，この鍵は文字種類の並び替え，数学用語では「置換」だとも考えられます．この奇妙な記号たちの種類を横一列に並べておいて，その下にそれぞれの記号が通常のどの文字に対応しているのかを書いて表にするならば，鍵とはこの下の列に並んだ，（通常の）文字種類の並び替えのことに他なりません．

「踊る人形」や，上の図 12.1 の暗号文の面白さは，用いられている記号の奇妙さにもありますが，奇妙な記号の代わりに通常の

アルファベットなどを用いたところで，本質的には何も変わらないでしょう．

よって，我々の課題は，文字が N 種類あるとして N の階乗 $N!$ 通りある，文字種類の上の置換の一つを見つけ出すことです．しかし，この可能性の数は厖大なので，一つずつ片っ端から確認したり，あてずっぽうに探したりするのはまるで無意味です．

実際，用いられた文字が，大文字小文字を無視したアルファベット 26 種類だけだったとしても，26! はおよそ 4×10^{26} ですから，1 兆（$= 10^{12}$）の 1 兆倍よりもずっと大きくなります．たとえ現代で最高速のコンピュータを用いても，現実的な時間では虱潰しに探すことはできないでしょう．

ホームズがこの厖大な可能性から「踊る人形」暗号の鍵を見つけ出せたのは，単に文字頻度から "E" を表す記号を特定できたからだけではありません．この文章 "○ E ○ E ○" は "NEVER" だろう，こちらの文章の最後にある "E ○○○ E" は宛先の人名 "ELSIE" に違いない，など，ホームズならではの想像力と推理があってこそです．

この推理には英語の文章に関する一般的な知識の他，この通信文がどんな内容か，どんな人物が関係しているか，といった深い情報が必要です．もし，このような不特定の幅広い知識を仮定しなければ，鍵の可能性は絶望的な大きさです．では，これを機械的に解くにはどうすればよいでしょう．

そのためには，正しい鍵にたどり着くための「コンパス」のようなもの，正解への方向や距離などを示してくれるものが必要です．つまり，各鍵に対して，それがどれくらい正解に近いのかを表す量が欲しい．

それには，その鍵で暗号文を変換してみて，出てきた文章がどれくらい「通常の英語の文章」に近いかを測ればよいでしょう．

では，それを機械的に判定するにはどうすればよいでしょうか．

　学生たちはホームズ探偵より一歩進んだアイデアを利用しました．各文字の頻度に注目するのではなくて，続く2文字の頻度，つまり，ある文字の次に，ある文字が現れる確率に注目したのです．学生たちはまず，有名な文学作品など標準的な文章を収集し，2文字ずつの頻度の統計をとりました．

　これによって，通常の英文においては，例えば，文字 "a" の直後に "b" が現れる確率 $P(\mathrm{a} \to \mathrm{b})$ はいくらか，という基礎データが得られました．文章は文字が続いたものですから，文章 X を各文字の列で $X = x_1 x_2 \cdots x_n$ と書きますと，この文章が現れる確率 $P(X)$ は

$$P(X) = P(x_1)P(x_1 \to x_2)P(x_2 \to x_3) \cdots P(x_{n-1} \to x_n)$$

だと考えられます（$P(x_1)$ は1文字 x_1 の出現頻度）．

　この計算は，ある文字の後にどんな文字が来るかが，前者の文字だけに依存して，しかも，純粋に確率的に決まると仮定してのことです．このような性質を確率論の専門家は「マルコフ性」，このように生成される記号の列を「マルコフ連鎖」と言います．

　もちろん，現実の文章はマルコフ連鎖ではありません．しかし，そのモデルとしてはそう悪くはないでしょう．実は，マルコフ連鎖の概念そのものが，文学作品の数学的研究の中で生み出されたものです．「自然言語処理」研究のはしりですね．

　また，これは文字の種類の空間の上で，サイコロを投げて次の一歩を決めるランダムウォークをしているのだ，ということも注意しておきます．我々は既に第7章で，1次元や2次元格子のランダムウォーク（梯子酒の問題）を見ましたが，またここでも確率論研究の主要な対象が現れてきたわけです．

　さて，この文章 X の確率 $P(X)$ を用いて，鍵（文字種の置換）

が正しい鍵にどれくらい近いかを判定するのが肝の一つです．それには，その鍵を暗号文に当てはめて復元を試みた記号列の出現確率を用いればよいでしょう．

つまり，暗号文が謎の記号を用いて $Z = z_1 z_2 \cdots z_n$ と書かれているとき，鍵 σ の正解への近さを確率

$$P(\sigma(z_1))P(\sigma(z_1) \rightarrow \sigma(z_2))\cdots P(\sigma(z_{n-1}) \rightarrow \sigma(z_n))$$

でもって判断できます．この値を（やや記号の濫用ですが）$P(\sigma)$ と書きましょう．

実際，この σ で復元を試みた $\sigma(z_1)\sigma(z_2)\cdots\sigma(z_n)$ が通常の英語の文章に近いほど，$P(\sigma)$ は大きな値をとるはずです．もちろん，暗号を解いた答の文章が，標準的英文とぴったり同じ確率に従っているわけではないので，その可能性が高いだけですが．

これで正しい鍵を探索するための「コンパス」が手に入りました．次の問題は，このコンパスを用いて，厖大な鍵の山からどのようにして正しい鍵へとたどり着くか，その具体的な探索方法です．

その基本となるアイデアは，またしてもランダムウォークです．上では文章を文字種類の上のランダムウォークと見ましたが，今度は鍵の可能性全体，つまり置換全体の上をランダムウォークして，正解の鍵を探すのです．

12.3 モンテカルロとメトロポリス

囚人の暗号文には大体 40 種類の記号がありましたので，鍵の可能性は 40! 通り程度です．これはとてつもなく巨大な空間なので，これを端から順にチェックしていくのは不可能です．

そこで，上で手に入れたコンパスを用いて，正しい方向に向かって進んでいくことを考えましょう．つまり，おおざっぱな手続

きはこうです．まず，勝手に選んだ場所から出発して，次に踏み
出す「一歩」の方向を適当に選びます．

　ここでコンパスを用いて，その一歩を進む方が今の場所よりマ
シかどうかチェックします．マシならば，その方向に一歩進みま
す．そうでなければ，今の場所にとどまり，また別の一歩を選び
直します．

　これを繰り返していけば，だんだんと正解に近づいて行くこと
は確かですし，運が良ければ実際に正解にたどり着けるでしょう．
とは言え，正解ではないのに，どちらに進んでも今の場所より悪
くなるような地点に，迷い込んでしまうかもしれません．

　このように全体で値が一番大きいところに到達する前に，その
近所でだけ値が一番大きい間違った解（これを専門家は「局所最
適解」などと言います）に到達してしまう可能性をどう回避する
か，という問題があることを憶えておいてください．

　では，以上のアイデアを具体化してみましょう．それにはまず，
庞大な鍵の空間をシステマティックに探索していくための各々の
「一歩」とは何か，決める必要があります．それには，各鍵が文字
種類の上の置換だと思える，という事実を利用します．

　ある鍵とは40種類の文字の置換，つまり並び替えですが，この
置換から「一歩」隣りの置換とは何か，ということですね．もっ
とも自然なこの「一歩」は，文字種類の中で二つだけを入れ替え
て他はそのままにすることです．これを「互換」と言います．

　実際，どんな置換でも互換を繰り返すことで得られることがわ
かっています．つまり，置換全体は互換という「一歩」で一つに
結びつけられているのです．よって，ある置換から出発して，
次々に互換を作用させて，つまり，2文字だけを入れ替えて，調べ
ていけばよいということになります．

　次の一歩の可能性は，文字種類から2個の文字を選び出す組合

せの数，40・39/2だけありますが，ここからどう選びましょうか．これにはいろいろな手が考えられますが，一番簡単な方法は，次の一歩を公平かつランダムに選ぶことでしょう．

　かっこよく言いますと，置換全体の空間の上でランダムウォークします．文章のモデル自体もそうでしたが，暗号を解く鍵の空間の上の探索もまたマルコフ連鎖であり，ランダムウォークである，という事実は，なかなかぐっとくるところです．

　さて，これで探索方法のベースはできましたが，もう一つ考慮すべき問題は，局所最適解への迷い込みの回避でした．これにもランダム性を利用します．

　今いる場所のコンパスの値 $P(\sigma)$ とランダムに選んだ一歩先での値 $P(\sigma')$ を比較して後者の方が大きいときのみ，そちらに進むことにしてしまうと，局所最適解に迷い込んだら抜け出せません．

　そこでアイデアです．今 (σ) と次 (σ') のコンパスの値を比較して，後者の方が大きければそちらに進むのですが，そうでないときでも，コンパスに逆らって σ' に進む可能性を少し残しておくのです．それなら局所最適解にはまってしまっても，脱出できる見込みがあります．

　具体的には，ここでコイン投げを実行し，表が出たら σ にとどまって次の一歩を選び直しますが，裏が出たときはコンパスに逆らって σ' に進みます．このコインの確率はコンパスの値の比 $P(\sigma')/P(\sigma)$ に応じて決めるのが自然でしょう．

　これで全体のアルゴリズムができあがりました．この手法が「マルコフ連鎖モンテカルロ法」です．「モンテカルロ」はカジノで有名な街の名前ですが，確定的な問題を乱数を用いて確率的に解くシミュレーション手法の総称です．このようなアイデアは以前からありましたが[6]，その現代版は1940年代にウラムによって，核反応の解析のため提案されたのが最初とされています．

また，特に次の一歩の確率を上のように決めることで局所最適解への落ち込みを避ける方法をメトロポリス法と言います．ちなみに，この「メトロポリス」は都市のことではなく，この手法の提唱者の人名です[7]．ちなみに，「モンテカルロ法」というコードネームを命名したのは，このメトロポリスだそうです．

12.4 でたらめの効用

この方法で，学生たちは見事，囚人の暗号を解くことができました．しかも，驚くべき効率の良さでした．実際，同論文によれば，シェイクスピアの「ハムレット」の有名な台詞，"TO BE OR NOT TO BE ..." の箇所を暗号化し，この MCMC 法にかけたところ，およそ 2 千ステップで解読されたとのことです．

当然ながら，このアルゴリズムは換字式暗号を解くだけに限りません．おおざっぱに言えば，ランダムウォークしながら，より高い場所へと探索していくというだけのアイデアですから，最大値を与えるものを探す問題なら何にでも通用するのです．

また，もちろん効率は問題に依存するとは言え，大抵の場合は驚くべき速度で正解，または少なくとも近似解が得られます．この驚異的な普遍性と効率の良さを確率論（マルコフ連鎖の理論）で説明することはできますが，それでも「ランダム性」の神秘を感じざるをえません．

でたらめであること，ランダムであること，無作為であること，非決定的であることは，一見は否定的な性質なのですが，不思議

---

6) 例えば，線分をランダムに平行線の上に投げたとき，この線分が平行線と交わる確率から円周率の近似値を求める古典的問題「ビュフォンの針」も広い意味のモンテカルロ法である．

7) N. Metropolis(1953). のちにこれを一般化した W. K. Hasting(1979) の手法とあわせてメトロポリス–ヘイスティング法と呼ばれることが多い．

な力があります．モンテカルロ法のような数値計算法の他にも，でたらめさをさまざまな方法で利用できます．

　私がこのような「でたらめさの効用」に初めて目を開かされたのは，ラオの名著『統計学とは何か』[8]のおかげでした．そこには面白い例がたくさん紹介されています．その中から，あえてモンテカルロ法から遠い例を挙げれば，例えば，アンケートで訊きにくい質問をする方法です．

　それには，訊きにくい質問（「あなたは麻薬をやったことがありますか」）の他に無害な質問（「あなたの一番親しい人の電話番号の末尾は偶数ですか」）も用意します．そして，各人にコイン投げでどちらかを秘かに選んでもらい，その答を訊けばよい！

　なぜなら，後者の質問を選ぶ確率もその答の確率も既知なので（実際どちらも 1/2），全体の集計から，未知の確率（麻薬をやったことがある人の割合）が単純な計算で求められるからです．

　ランダム性の活用の方法はさまざまで，それぞれにランダム性のいろいろな性質をうまく利用します．しかし，私はときに思うのですが，これらはすべてランダム性というただ一つの性質のいろいろな見え方，現れ方にすぎないのではないか，と．

　またラオの本を読んで感じることは，人間の知性そのものの働きにおいてもランダム性が本質なのではないか，ということです．素朴に言えば「試行錯誤」ですが，高度な発見や創作の活動も実は，ある種のランダムウォークなのかもしれません．そして，そのことは人間の知性を貶めることではなく，むしろその偉大さの秘密なのではないかと．

---

8)『統計学となにか』(C. R. ラオ，藤越・柳井・田栗訳，ちくま学芸文庫)，特に，第1章「不確実性，ランダム性と新しい知識の創造」．

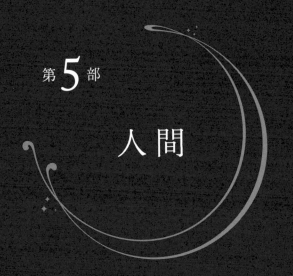

第5部

人間

····✦ 第 **13** 章 ✦···

人間原理の奇妙なロジック

絶妙な調整，人間孵卵器，人類皆殺し計画，その他の物語

> 私の見るところでは，私は生きた人間であり，数百万人の人々の一人である．私は知りたく思うのだが，この私のどこが，過去，現在，未来に存在する他のすべての人々と物理学的に違っているために，私はそれらの人々の誰であったこともなく，現に誰でもなく，ただただ紛れもなく今の自分自身であり，自分のことを「私」と言っているのだろうか？
>
> 『生の不可能性について／予知の不可能性について』
> （ツェザル・コウスカ，国立新文学出版所，プラハ）より
> *De Impossibilitate Vitae / De Impossibilitate Prognoscendi*
> (Cezar Kouska, Státní Nakladatelství N. Lit., Praha)

13.1 「絶妙な調整」と人間原理

パスカルは神の存在を信じるべきか否か，という信仰の問題を確率論を用いて考えました（第2章）．最近では，やはり確率論を用いて一見は科学的なムードを持った，以下のような議論もあります．

この世界のすべての現象を説明しようとする，最新の有力な物

理学理論は例外なく複数の定数を含んでいます[1]. これらの定数はその理論自身からは導かれない, 必然性のない, 他の値だったかもしれない, その意味で自由（フリー）な, パラメータです.

しかし, どの理論においても, これらのパラメータがわずかでも現実の値からずれていたならば, この宇宙は著しく自明な, もしくは破壊的な, 世界になっていたはずです. 複雑な原子や分子が構成されることもなく, いかなる星もできることなく, 当然, いかなる生命もありえなかったでしょう.

どんな値でもありえたパラメータが, 現実のこの値になる確率はきわめて低いので, この「絶妙な調整（fine tuning）」が偶然とは思えません. ゆえに, このパラメータを設定した「知的な設計者（Intelligent Designer）」の存在を信じざるをえないのであります[2].

よく考えると, この議論にはいくつも穴があります. 例えば, この「絶妙な調整」は本当に驚くべきことなのか, それほど珍しいことなのか, 他にも説明がありうるのではないか, などです.

以下のような反論はいかがでしょう. 偶然このような絶妙な値になる確率が非常に低いことは認めよう. しかし, この議論をしている我々が厳に存在しているのは, 絶妙の値だったからこそである. そうでなければ, 我々も, この問題自体も, 単に存在しなかった.

ゆえに, 「絶妙の調整」には驚くべきところも, 説明すべきこともなにもない. このような論法を「人間原理（anthropic princi-

---

1）例えば, 電子と陽子の質量比, 基本相互作用の力の強さ, ビッグバン直後の宇宙の拡大速度など.

2）この結論への飛躍は, 優れたデザインは優れた知性の産物でしかありえないという思い込みだろう. 哲学者の D. C. デネットは「理解なき有能性」の重要性を（進化論の文脈だが）『心の進化を解明する』（木島泰三訳, 青土社）で強調している.

ple)」[3] と呼びます.

さて, この議論は正しいでしょうか？ 皆さんのお気持ちを想像するに,「知的な設計者」の存在証明も馬鹿馬鹿しいが, 人間原理もどこかうさんくさい, といったところでしょうか.

その原因は論理と言うにはあまりに粗雑で曖昧な主張であることでしょう. しかし一方で, なにか重要な論点を指摘しているような気もします.

人間原理にはさまざまなヴァリエーションや主張の強弱がありますが[4], その本質は, 観察者である他ならぬ「私」が自動的に標本になっていることを論拠にしていることです.

我々はこの人間原理から有効な推論ができるのでしょうか. それとも,「私がいるから私がいる」という自明な主張にすぎないのでしょうか.

「絶妙な調整」問題に対する「知的な設計者」仮説はシリアスに受け取れないでしょうが, 宇宙が複数, または無限に多く存在するという多宇宙仮説はいかがでしょう(ちなみに, これは最新の宇宙論でも有力な説とされています).

宇宙がたくさんあれば, その中にはたまたま絶妙なパラメータを持つ特別に良い宇宙も高い確率で存在し, その良い宇宙の中には我々のような知的な観測者がいるでしょう. そこで問題は, 人間原理はこの仮説をいくらか支持するのでしょうか.

例えば, 理論物理学の発展によって, 有力な宇宙論が二つにまで絞られたとしましょう. 各々からの予言の差が, 我々の宇宙が唯一の宇宙か, たくさんある中の一つかの違いだけだとしたら,

---

3) この語の初出は B. Carter "Large number coincidences and the anthropic principle in cosmology" (1974).

4) 例えば, Carter は脚注3の論文で, 強弱二種類の人間原理を提出している.

どちらがより正しいか人間原理から判断できるのでしょうか？

13.2　ひげの色の証拠

この多宇宙仮説の確率的判定よりずっと単純な以下の問題を考えてみましょう．ここでは神が一つの部屋か二つの部屋かを偶然に選んで創造します．

問題 13.1（「人間孵卵器」問題[5]）　天地創造の前，神は創造の練習をしてみることにした．一枚のコインを投げて表が出たら，部屋を二つとそれぞれの中に人間を一人ずつ作る．各人のあごひげの色は一方が黒，他方が白にする．裏が出たら，部屋を一つとその中に人間を一人作る．その人間のあごひげの色は黒にする．人間には自分の部屋の他にも部屋があるのか，他にも人間がいるのか，一切わからない．

さて，神はこの計画を実行し，あなたは創造されたその人間（の一人）である．あなたはこの計画について知らされているものとする．

Step 1.　今のところ部屋は真っ暗で，あなたは自分のひげの色を確認することができない．神のコイン投げの結果が裏だった確率[6]はいくらか？

Step 2.　部屋の明かりが点いて，自分のひげの色は黒だとわかった．神のコイン投げの結果が裏だった確率はいくらか？

5）この問題は N. Bostrom による．Bostrom は "Incubator Gedanken" と呼び，著書 "Anthropic Bias"（Routledge, 2002）で中心的な思考実験として詳細に分析している．

6）以下の Step 2 や問題 13.2 も含め，問われている確率は問題の中の「あなた」にとっての推定値であって，神や読者のあなたから見た確率ではないことに注意．

　Step 1 の方の答はもちろん 1/2 だと読者の多くは考えられたことでしょう．実はここにも議論の余地があるのですが，それは後回しにします．

　Step 2 のポイントは，ひげの色が黒だった場合には，コイン投げの結果に表裏の両方の可能性があることです．表が出て，二人作った人間のうちひげの黒い方の一人があなたなのか，裏が出て，一人だけ作った人間があなたなのか．

　おそらく読者のほとんどは，この二つの可能性が「同様に確からしい」ので答はやはり 1/2 だ，と考えるのは素朴すぎると気づかれたことでしょう．

　コインの裏が出たときはひげの色は自動的に黒ですが，表が出たときはひげの色が白い可能性もあるので，ひげの色が黒いことは，結果が裏だった方に重みをもたらす情報（証拠）だろうからです．

　そして，これを正確に計算するには，ベイズ推定を使えばよさそうです．つまり，Step 1 で 1/2 だった事前確率を，「私のひげは黒い」という新たな証拠とベイズの公式でアップデートするのです．

　すなわち，この新情報を加味した上でのコイン投げの結果が裏であった確率は，

$$P(裏｜黒) = \frac{P(黒｜裏)}{P(黒)}P(裏)$$

$$= \frac{P(黒｜裏)}{P(黒｜表)P(表)+P(黒｜裏)P(裏)}P(裏)$$

$$= \frac{1}{(1/2)\cdot(1/2)+1\cdot(1/2)}\cdot\frac{1}{2} = \frac{2}{3}$$

となります．

13.3 自己標本仮定と自己表示仮定

上の問題はベイズ推定の簡単な応用として綺麗に決着したように見えます．しかし，ここには微妙な論点が隠れています．それは，この問題設定において，観測者である「あなた」自身が標本でもあることです．

上のベイズの公式による計算に用いた値で本質的なのは，$P(黒|裏) = 1$ と $P(黒|表) = 1/2$ の条件つき確率の評価でしょう．これはそれほど明らかなことでしょうか．

問題は，自分自身が常に標本に含まれ，自分自身が存在しない場合はそもそも観測されないことです．しかも，コイン投げの結果によって，あなたを含む標本の数が変化します．これは通常の問題設定とはかなり異質です．

このような状況に対しても，我々は以下のような仮定もしくは原則に一貫して従ったのですが，これはかなりもっともらしいものの，自明ではありません．

原理 13.1 (自己標本仮定[7]) 自分自身が存在するとき，自身は(考えている問題の参照グループである)観測者[8]の集合からの(一様)ランダムな標本である．

これが当然だと思われるならば，上と類似の以下のような仮定

---

7) この仮定 "Self Sampling Assumption" と次の仮定 "Self Indication Assumption" は，Bostrom によって導入された．脚注5に前出の "Anthropic Bias" 参照．訳語は著者(原)による．

8) 「人間」ではなく「観測者」としているところもトリッキィな論点である．つまり，白ひげの人間が，岩，猫，人工知能，宇宙人，人間だが狂人，などだったとしたらどうなるのか？

141

はどうでしょう.

原理 13. 2（自己表示仮定[9]）　自分自身が存在するとき，より多く
の観測者を持つ集団の方に自分が属するという仮説の方が（メン
バ数に比例して）もっともらしい.

　ややわかりにくいので，例で説明しましょう.　今，ある大富豪
が宝石を一人に一つずつ無料で配っています.　その宝石は二種類
あり，ダイヤモンドは一つだけ，エメラルドは一万個です.　あな
たが宝石をもらえたとすると，その宝石はどちらの種類でしょう
か.　もちろん，エメラルドの可能性の方が高いですし，数値で言
えば一万倍確率が高いと考えるべきでしょう.

　この仮定も自己標本仮定と同じくらい正しそうに思えます.　し
かし，もしそうだとすると，問題 13. 1 の Step 1 で，ひげの色を知
る前のコイン投げの結果の推定確率は半々ではなくて，裏が 1/3,
表が 2/3 と評価することになります.

　なぜなら，表が出た場合は人間（観測者）を二人創造するので，
あなたがこの二人に属することは，裏が出て一人しか創造しない
場合に比べて，確率が二倍高いはずだからです.

　とすると，さらに，ベイズの公式による上の計算も，$P($裏$) = 1/3,$ $P($表$) = 2/3$ の値を用いて，訂正しなければならないこと
になります.　その結果，自己標本仮定による効果はちょうど打ち
消されて，Step 2 の答は $P($裏$|$黒$) = 1/2$ となってしまいます！

　さて，正しい確率はいくらなのでしょう.

---

9) "Self Indication Assumption".　脚注 7 参照.

13.4 「最後の審判日」論法と人類皆殺し計画

　もっともらしく見える自己標本仮定に疑いを持っていただくため，次のような議論を考えてみましょう．以下の論法はその内容から「最後の審判日（Doomsday）」論法[10] と呼ばれています．

　主題は人類滅亡の日です．この日がどれくらい先のことなのか見積もりたい．まず，仮定として人口は指数関数的に増え続けるものとします．現状においてこの仮定はおおむね正しそうです．

　さらに，あなた（我々）が今ここに存在している，という証拠に注意します．すると，自己標本仮定より，あなたは過去と未来の全人類の中からの一様ランダムな標本です．ならば，以上二つの仮定から導かれる結論は，以下の図 13.1 から明らかなように，「裁きの日は近いだろう」です．

　この議論は正しいでしょうか．正しくないとすればどこがおか

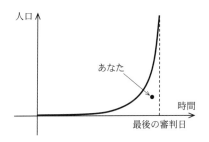

図 13.1　全人類の中の「あなた」

---

10) この議論は何度も独立に再発見されているようだが，Bostrom によればおそらく Carter（脚注 3）の案出で，これを F. Tipler から聞いて J. Leslie（1989）が扱ったのが最初の文献．R. Gott Ⅲ（1993）も独立に類似の概念を発表している．

しいのでしょう．疑わしいのはもちろん，自己標本仮定そのもの，もしくはその誤用ですが，どこがどう間違えているのか，よくわかりません．

少なくとも，議論が素朴すぎるという批判はできます．例えば，正しくベイズ推定を適用するならば，まず人類の未来についての事前確率が必要です．この見積もりは大抵の人において，「かなり先まで人類は続くだろう」でしょう．

よって，上の議論がすべて正しくても，この見積もりを少し手前にシフトさせるだけの効果しかないのかもしれません（それすら不可解に思えますが……）．

他の反論としては，問題13.1のときのように，自己表示仮定も加味すれば，自己標本仮定の効果をキャンセルできるのかもしれません（とは言え，自己表示仮定もうさんくさいのですが……）．

さらに読者の皆さんを惑わせるために，以下のような思考実験を考えてみましょう．

問題 13.2（「サイコロ部屋」問題[11]）　恐るべき計画が進行していた．ある秘密組織が人間を一人拉致して部屋に閉じ込め，二つのサイコロを振る．もし1のゾロ目が出たらこの人間を殺して，計画を終了する．他の出目ならば，その一人は釈放し，新たに十人を拉致し，部屋に閉じ込め，サイコロを振る．1のゾロ目ならばこの十人全員を殺して，計画を終了する．他の出目ならば全員を釈放し，次は百人を拉致する．このように，拉致人数を十倍にしながら，いつか1のゾロ目が出て部屋の全員を殺すまで計画は続

11）著者（原）はこの問題を S. Aaronson "Quantum Computing Since Democritus"（Cambridge Univ. Press, 2013）で知ったが，Aaronson によれば J. Leslie が提出した思考実験とのこと．例えば，Leslie "The End of the World"（Routledge, 1998）参照．

いていく.

　さて，あるときあなたがこの計画によって拉致された．あなた
は計画の概要を熟知している．あなたが死ぬ確率はいくらか？
（人間はいくらでもいると仮定し，いくらでも広い部屋が用意で
きるとする．）

　もちろん第一感は，ゾロ目が出る確率 36 分の 1 でしょう．し
かし，よく考えるとこの問題設定は「最後の審判日」とほとんど
同じです．よって，自己標本仮定を以下のように適用できそうで
す.

　計画終了時から考えると，今までに拉致された人間全員の中で，
あなたはどこに位置するでしょうか．拉致される人数が十倍に増
えていく以上，およそ 90% の確率で最後の部屋に属します．す
なわち，あなたが死ぬ確率は約 90% です．

　計画の終了時がいつだろうと，最後の部屋に何人がいようと，
あなたがその人数を知ろうと知るまいと，この議論がまったく影
響を受けないことに注意してください．

　あなたが死ぬ確率は 3% 程度にすぎないのか，それとも約 90%
なのかどちらでしょう？

13.5　人間原理はナンセンスか

　本書の読者は数学に深い興味と共感をお持ちでしょうから，こ
のような議論はそもそもナンセンスだ，という印象を抱かれたか
もしれません．実際，これらの問題は，適切な確率空間がよくわ
からないことが論点である以上，数学の問題でないことは確かで
す.

　しかし，このような観測者選択問題とでも言うべき問題は思い
がけないほど広い範囲に存在して，しばしば，自分でも気づかな

いうちに忍び込んできます.

例えば, なぜスーパーのレジであなたが並んだ列は常に長くなるのか. 長い列ほど観測者が多いため, あなたが長い列にいる確率の方が高いからです.

例えば, なぜエントロピーは常に増大するのか. エントロピーが高い状態ほど確率が高く, より観測者が多いからです. さらに, ではなぜ, 我々の周囲のエントロピーはこんなに低いのか. エントロピーが低い状態だからこそ我々が存在しているからです.

例えば, 地球上の生命がこんなに早く, 人間のような複雑な存在にまで進化したのはなぜか. 我々が厳にここに存在している以上, 知的な観測者を生み出す前提が参照空間であり, 当然, その確率は高いからです.

以上のような議論が正しいとは(私は)必ずしも主張しません. しかし, 観測者選択の効果がこれらの問題に関わっていることは間違いなく, このような議論の誘惑が強いことも確かです.

この問題は, 宇宙論に限らず, 自然科学の幅広い分野に本質的に潜んでいます[12]. 「観測者である私が常に標本である」ことが, 確かに確率的推論のための情報を持つ場合は多いのですが, 正しい推論をするのが非常に難しいのが, この問題の厄介なところです.

おそらく皆さんが想像される以上に, この問題は深く, 精妙に議論され, 研究されています. 決して, 単なる面白い思考実験のゲームではないのです.

---

12) 本文に挙げた分野の他に, 興味深くも思いがけない応用として, 計算量の問題への展開がある. 脚注 11 に前出 Aaronson(2013) の第 18 章参照.

第14章

記憶喪失と自由意志

シンデレラの罠，眠れる美女，新旧ニューカム問題，その他の物語

Yet if hope has flown away
In a night, or in a day,
In a vision, or in none,
Is it therefore the less *gone?*
All that we see or seem
is but a dream within a dream

E. A. Poe "A Dream within a Dream" より
Complete Tales & Poems of Edgar Allan Poe (Vintage Books) 所収

14.1 罠としての記憶喪失

　TV の連続ドラマやサスペンスものなどで登場人物が記憶喪失になる設定が出てくると，「ああ，またか」と思いつつも，つい引き込まれて観てしまいますね．それだけ優れた設定ではあるわけで，実際，記憶喪失を利用した古典的名作がたくさんあります．

　例えば，主人公が犯人で被害者で探偵で証人，という離れわざを実現した『シンデレラの罠』[1) が典型的ですが，記憶喪失の設定

がなければ，自然にこのような状況を作り出すことは困難でしょう．

　しかし，この小説の本当の面白さ，一度読み始めるとやめられない独特の面白さは，一人四役の実現にあるのではなく，「私とはいったい何なのか」という問いの根源的な謎と罠にあると思います．

　前章では，自分自身が常に標本に含まれる状況が，確率的な判断にしばしば難しい問題を引き起こす，ということを人間原理の文脈でご紹介しました．この問題の奥底には，「私」とは何か，という問題が横たわっています．もちろん，この問題をハイライトする有力な方法の一つは，記憶喪失を扱うことです．

　これをパズルの形に凝縮したのが，以下のいわゆる「眠れる美女の問題」です[2]．この問題は難しいことで悪名高く，今まで多くの哲学者が議論し，さまざまな主張をしていますが，十分なコンセンサスが得られている答はありません．

問題 14.1（眠れる美女の問題）　ある日曜日，「美女」（あなた）は次のような説明を受けた．被験者であるあなたは今から睡眠薬で強制的に眠らされる．そこで実験者は公平なコイン投げを行い，その結果に従って二通りの処置をする．もし結果が表ならば，あなたは明日月曜日の朝に起こされた後，今が月曜日であることを教えられて，実験は終了する．

---

1) 『シンデレラの罠』(S. ジャプリゾ，平岡敦訳，創元推理文庫)．なお，記憶喪失を用いずにこの状況を作り出した作品に『猫の舌に釘を打て』(都筑道夫，講談社文庫)がある．
2) この問題の原型は 1980 年代に A. Zuboff によって提出されたが，1999 年に R. Stalnaker が "Sleeping Beauty" の名前をつけてインターネット上で紹介，議論して有名になった．

結果が裏ならば，あなたは同様に明日月曜日の朝に起こされ，月曜日であることを告げられるが，再び強制的に眠らされる．そして，その翌日の火曜日の朝に目覚めさせられ，今が火曜日であることを知らされて，実験は終了する．

この睡眠薬には部分的に記憶を失わせる効果があり，眠りから覚めたときには，前回の目覚めを忘れている．つまり，あなたが目覚めた時点では，今が月曜日か火曜日か判断する手がかりはまったくない．

さて，今あなたは目覚めたばかりで，今日が何曜日かまだ知らされていない．コイン投げの結果が表だった確率はいくらか？

14.2　「眠れる美女」はなぜ悩ましいのか

最初に浮かぶ答は1/2でしょう．なぜなら，このコインの表裏の出る確率が公平であることはわかっていて，私（「美女」）が目覚めたこととコインの確率とは無関係だろうからです．

詳しく述べれば，「美女」たる私は可能な状況のどれにおいても，問題設定の他には，「今まさに私は目覚めた（ただし今が何曜日かは知らない）」という情報しか持っておらず，これがコインの確率の推定に影響を与えるようには思えません．

しかし一方で，もし表が出たならば火曜日に目覚めることはないのだから，火曜日かもしれないこの今，目覚めたという情報は表が出た可能性を減らすのではないか，という気もしてきます．

この考え方を明確にすると，状況はコイン投げの結果が「表で月曜日」，「裏で月曜日」，「裏で火曜日」の三通りのいずれかであり，これらは同様に確からしいということでしょう．ならば，コイン投げの結果が表であった確率は1/3です．

また，今が月曜日か火曜日かは同様に確からしく，前者なら表が出る確率は1/2で後者なら 0 なので，答は $(1/2) \times (1/2) +$

$(1/2)\times 0 = 1/4$ と考える人もいそうです．しかし，今が月曜か火曜かを同様に確からしいとするロジックには無理があります[3]．

　結局，このパズルに対するほとんどの回答は，直感的な答からシリアスな分析まで含めて，1/2派と1/3派に分かれるようです．おそらく，読者の皆さんの多くは1/3派だと思いますが，それはこの問題の本質を捉え損ねているからかもしれません．

　「眠れる美女」問題の本質は数え上げの間違いやすさではなく，この確率判断をする「私」自身が，この状況の中に確率的に投げ込まれている，そのありようを捉えることの困難です．

　1/3派の強力な論拠は，この問題の模擬実験もしくはシミュレーションを繰り返してみれば，その結果は1/3に収束する，という事実です．しかし，それはその模擬実験で「表で月曜日」，「裏で月曜日」，「裏で火曜日」が同じ確率に設定されるからにすぎません．

　また，この「美女」一人と宇宙はこの実験のために一回だけ生み出され，実験終了と同時に宇宙ごと消去されるとしても，上の頻度確率的な論拠によって1/3だと主張できるのでしょうか．今問題になっているのは，実験者にとっての確率ではなく，実験の中にいる「私」ただ一人にとっての確率なのです．

　これは前回に見た人間原理や自己標本仮定と自己表示仮定の適用の難しさを含んでいます．その上，この問題では記憶喪失による自我の同一性と時間（日曜，月曜，火曜の「私」）の論点が加わり，さらに解析が困難になっているのです．

　皆さんはどうお考えでしょうか．皆さんをフラストレーションの中に置き去りにすることになるかもしれませんので，比較的新

---

3) しかし，1/4派の研究者もいる．M. Cozic "Imaging and Sleeping Beauty: A case for double-halfers"(2011).

しく，かつもっともらしいボストロムによる分析を挙げておきましょう[4]．

　この分析は前章でご紹介した自己標本仮定を一般化した「観測選択理論（Observation Selection Theory）」に沿って行われます．大まかに言えば，この問題の解は「美女」がどのように状況に投げ込まれているかに依存し，問題ではそれが明確になっていない，というのが結論です．

　実際，ボストロムの見解では，「部外者（outsider）」[5] が存在するかどうかで，状況は大きく二通りに分かれます．それぞれに観測選択理論を適用して推定確率が得られますが，その答は部外者の人数に依存します．

　そして 1/2 と 1/3 はこれらの特別な場合なので，両派を調停することになっています．私自身は必ずしも，この理論に完全には納得していませんが……．

　おまけに変形問題を一つ．あなたの意見は以下の問題でも変わらないでしょうか．

問題 14.2（もっと眠れる美女の問題）　設定は問題 14.1 とほぼ同じだが，今回はコイン投げで裏が出た場合は千日間実験を続ける．つまり，翌朝起こして，また睡眠薬で眠らせて，その翌朝起こして，また眠らせて……を千日続けてのち，実験を終了する（睡眠と忘却の効果で美女はまったく老けない）．

　あなたは今，目覚めたばかりで今日が実験開始から何日目か，まだ知らされていない．コイン投げの結果が表だった確率はいくらか？　1/2？　それとも 1/1001？

4）　前出（第 13 章脚注 5）"Anthropic Bias"（N. Bostrom, Routledge, 2002）．
5）　大まかに言えば，「私」以外の被験者である観測者．

14.3　罠としての自由意志

　記憶喪失とまた違った角度から，確率的な選択に疑惑の影を射すのが自由意志の問題です．つまり，私たちは本当に自分の意思で自由に選択できるのか．もし，自由意志が幻想なのだとしたら，確率的評価はナンセンスなのかもしれません．

　もちろん世界が完全に因果的だったとしても，ラプラスが主張したように，無知な人間が世界に対処するために確率的推論がある，とは考えられます．しかし，その推論をする当の私も，因果的，確定的なのだとしたら，確率的評価とは何なのでしょう．

　最新の物理学によればミクロな世界は量子力学的な意味で真に確率的なのだから[6]，という論点でもこの問題は救い出せません．世界が本質的にランダムだったとしても，自由意志とは何らかの制御である以上，ランダムの外にある概念のはずだからです．

　このような自由意志を巡る問題は非常に古い歴史を持っています．古代ギリシャ時代には既に，原子説に基づく因果的確定的な世界観が唱えられていたので，当然，その中の人間とは何なのかが問題になりました[7]．

　また，決定論と自由意志が両立可能かというテーマは，少なくともスコラ神学以来の長い歴史を持っています．中世神学では，人間だけに特別に許された理性の能力が自由意志の議論を形作っていました．

　しかしその後，特にホッブズ（1588-1679）が『リヴァイアサン』[8]においてこの特権を批判して，人間もまた物質的世界の一部でし

---

6)　量子力学の解釈には，現状で人気のない立場であるとは言え，例えば「隠れた変数」理論のように確定的なものもある．よって，この論拠自体も必ずしも正しくない．

7)　第 1 章脚注 10 参照.

かないという立場から自由意志の問題を捉え直すことになります.

　おおむね我々が素朴に抱いている見方では，因果的決定論と行為の自由は両立しないし（両立不可能説），かつ，自分がどう行動するか自由に制御できるはずです（自由意志説）. しかし，ホッブズ以降の自由意志の理論はショッキングなことに，このどちらも否定するか，少なくともそのままの形では擁護しません.

　この問題は哲学者たちが，最新の科学的知見なども取り入れつつ議論と研究を続けていますが，決定的な答はありません. もちろん本稿でこのような問題を正面から取り上げることはしません[9].

　しかし，自由意志が選択肢の評価に謎めいた関わり方をする思考実験をご紹介しましょう[10]. この問題も「眠れる美女」と同じく，多くの研究者たちによって議論が続けられていて，決定的な答はありません.

問題 14.3（ニューカムの問題）　あなたの行動を高い精度で予測できる予言者がいる. 今，二つの箱 A と B があり，あなたはこのうち，箱 A と B の両方を受け取るか，箱 B だけを受け取るかを選択できる.

　箱 A には常に 1 万円が入っている. 一方，箱 B については，こ

---

8) 入手しやすい文庫本では，『リヴァイアサン』（ホッブズ，水田洋訳，岩波文庫）全 4 巻や，新しい訳として『リヴァイアサン』（角田安正訳，光文社新訳文庫）全 4 巻など.

9) とは言え，自由意志の問題についての手っ取り早い見取り図を求める読者には，"Oxford Very Short Introduction" シリーズの一冊の翻訳である『自由意志』（T. ピンク，戸田・豊川・西内訳，岩波書店）を薦めておく.

10) この問題は 1960 年頃に物理学者 W. Newcomb が提出し，哲学者の R. Nozik が論文 "Newcomb's Problem and Two Principles of Choice"(1969)で分析して有名になった.

の予言者が事前にあなたの選択を予測し，あなたが両方受け取るだろうと予測したときには何も入れず，箱Bだけを受け取るだろうと予測したときには1億円を入れておく．

　あなたはこの状況を知った上で，(1)「箱AとBの両方」か，(2)「箱Bだけ」の，どちらを選択すべきか？（あなたの目的は世界の探究ではなく，より多くのお金を受け取ることである．念のため．）

14.4　ニューカムの問題へのさまざまな回答

　まず，(1)「両方」派の根拠は，箱Bの中身に関わらず箱Bだけよりも箱AとBの合計の方が大きい，という事実です．ならば，予言者の予測が何であれ，常に両方の箱をとる方が得でしょう．

　一方，(2)「片方」派の根拠は，選択の結果の評価です．予測が正しければ，両方の箱を選ぶと箱Bの中身は0円なので利得は1万円，一方，箱Bだけを選ぶと箱Bの中身は1億円なので利得は1億円です．ならば，箱Bだけを選ぶ方がずっと得です．

　このどちらの議論ももっともらしいです．どう考えればこのパラドックスから抜け出せるのでしょうか．皆さんには以下を読む前に，ここでじっくり考えることをお勧めします．

　さて第一の解決策は，「矛盾」論です．精度の高い予測能力と自由に選択肢を選ぶ能力とは，単に矛盾している．つまり，何でも貫ける矛で何でも防げる盾を突くとどうなるのか，と訊ねているだけで意味はない，という主張です．なるほどごもっとも(?)．

　第二の解決策は「決定論」です．あなたの行動は因果関係や状況から決まっているのだから，自由な選択はそもそも存在せず，パラドックスも存在しない．あなたは既に決定済みの「選択」をするだろう．

　この主張は，自由意志が因果論と両立するのか，行為の自由な

制御は可能なのか、という哲学的問題と関わるため、見かけ以上に深い論点です。おそらく、思考実験としては最も実り豊かな観点でしょうが、数学者にはアピールしないかもしれません。

次の解決策は、「『両方が常に得』は幻想」論です。両方の箱の合計額の方が一方の箱の中身より常に多いことは事実だが、ゆえに両方をとるべきだということにはならない、という主張です。

この論点にはゲーム理論の背景があります。ゲーム理論では、相手のどんな選択に対しても常に最も勝る選択肢があれば、「支配戦略」と呼びます。通常、この支配戦略は期待値を最大にする戦略と一致するのですが、この問題ではこれが成立していません。

その原因はあなたの選択が箱Bの中身と独立でないことです。これが独立なら二つの戦略は一致するはずですが、この問題では関係しているために、支配戦略が失敗しているのです。

これを解決する枠組みを提出することは、ゲーム理論家には興味深い研究課題でしょう。しかし、そうでない我々は単に箱Bだけを選べばよい、と[11]。

「片方」派を攻撃する理論も一つ挙げておきましょう。片方だけを選ぶ方が得だと考えるのは、あなたの選択が箱の中身に因果的影響を及ぼせるという勘違いだ、という主張です。

実はこの予言者の予測能力がインチキで、決断をしたあなたが（両方または片方の）箱を手にとってから、それを知った予言者が秘かに箱Bの中身をセットするのだとしたらどうでしょう？

一見、問題の性質は変わらないようですが、今回はあなたの選択が原因となって箱Bの中身が決まることになります。この場

---

11) ちなみにこの説は、おおむね脚注10のNozikによる最初の分析である。Nozikの分析、および心理学的ゲーム理論の枠組みによる逆説の解消については、『はじめてのゲーム理論』(川越敏司、講談社ブルーバックス)にやさしい解説がある。

合は確かに箱 B だけをとるべきでしょう.

しかし, もとの問題設定ではあなたの選択が因果的に箱の中身に影響を及ぼすわけではなく, あなたの選択の前に, 既に, 箱の中身は決定しているのです. そうである以上, 正しいのは「両方」派の論理だ, と.

四つの主張を挙げてきましたが, あなたをさらに混乱させるために, アーロンソンによる SF 的な面白い説も紹介しておきます[12].

あなたの行動を高い精度で予測できるのは, その予言者のシミュレーションがあなたと同じくらい複雑だからであり, この今, 選択を決断するあなたは本当のあなたではなく, このシミュレーションなのかもしれない! ならば, この「意志」によって因果的に箱の中身が決まるので, 箱 B だけをとるのが正しい.

14.5　予言者と超予言者

おまけの問題で本章を締めくくりたいと思います. 以下の問題はボストロムによって観測選択理論と因果の関係を議論するために提出されました[13].

問題 14.4（メタ・ニューカムの問題）　ニューカムの問題と同じ設定で, 箱 A には常に 1 万円が入っており, 箱 B の中身は予言者が入れる. あなたの選択肢も同じである. しかし今回は予言者にも選択肢があり, 以下の二つ(a),(b)から行動を選ぶ.

---

12) S. Aaronson "Quantum Computing Since Democritus"(Cambridge University Press, 2013), 第 19 章. 同書によれば R. M. Neal も同様の説を独立に述べているとのこと.
13) N. Bostrom "The Meta-Newcomb Problem"(2001).

（a）　上の問題と同じく，あなたの選択を事前に予測し，あな
　　　たが箱Bだけを選ぶだろうと予測したときには箱Bに
　　　1億円を入れておき，両方の箱を選ぶだろうと予測した
　　　ときには何も入れない．

（b）　あなたが選択を決断して箱を手に取るのを確認してから，
　　　あなたが箱Bだけを選んだときは私かに1億円を入れ，
　　　両方の箱を選んだときは何も入れない．

　さて，ここに予言者の行動をも高い精度で予測できる超予言者
がいて，あなたが箱Bだけを選ぶときには予言者はあなたの行動
を予測し(a)，あなたが両方の箱を選ぶときには予言者はあなた
の選択を待つ(b)だろう，と教えてくれた．

　あなたはこの状況を知った上で，「箱AとBの両方」か「箱B
だけ」か，どちらを選択すべきか？

第15章

確率のディスクール・断章

不運と幸運，恋と運命，夢と成功，その他の物語

> 閑雅なる君のかなしみ苹環の花芽に繭ごもる蟲ありと
>
> 『翠華帖』(塚本邦雄，書肆季節社)「三月 花芽」より

　本書では確率のさまざまな姿をご紹介してきました．最終章は締めくくりとして趣向を変え，私たちの日常や人生との関わりを断章形式で，つまり短い文章やヒントを書いたカードをばらまくようにして，私の退場のご挨拶としたいと思います．

　この中から一つでも，確率の不思議さや面白さを感じて，眠れぬ夜の瞑想に用いていただければ幸いです．では，またどこかでお会いしましょう．

1.　あなたが並んだ列はどうしていつも長くなるのか．この列に並んでいる状況は確率空間の一点にすぎない．より長い列には，より多くの人が含まれる以上，可能性の世界の中では，あなたが長い列に含まれていることの方がずっと多い．

2.　靴下が二本なくなったとき，それが揃いの一足であるより，片

方だけの不揃いが二足できる可能性の方が高い．二本ずつペアになった構造を壊すのが簡単である一方，構造を保つのは難しい．

　バス停に着くと，バスは先ほど出たばかりで，次はなかなかやって来ない．バスの到着時間のランダムな偏りが待ち時間の期待値を長くする[1]．

3.「ああ，私だけがどうしてこんな目にあうのか」．私たちは自分だけが特別な人間だと思っている．しかし偶然はこれを否定する．私たちは確率空間の元の一つでしかなく，集合の点には何の個性もない．運命の射程において，あの鳥とこの鳥の間には何の差もない．『荘子』[2]によれば，私たちは弓の名人の矢頃に遊ぶ鳥のようなものだ．狙われれば百発百中，外れることはない．これは必然だが，あるものは射られ，あるものは無事であるという意味で，鳥たちにとっては運命である．

4.　偶然の幸運な出会いがなければ我々の人生はよほどつまらないものだったろう．万に一つの偶然で出会った恋人．しかしその偶然は幻想かもしれない．

　　人間という将棋の駒は，それが形成することのできる組みあわせよりも数が少ないから，だれも知っている人のいない劇場で，二度と会うことはあるまいと思っていたような人がちょうどよくあらわれたりすると，その偶然がまるで神の摂理のように思われるものだ．もっとも，私たちがこの場所では

---

1)『確率で言えば』(J. A. パウロス，松浦俊輔訳，青土社)の第2章「主観的な視点と個人の外にある確率」に，このような「マーフィーの法則と被害者意識」の解説がある．
2)『荘子』(金谷治訳注，岩波文庫)，「内篇」徳充符篇第五．

なく，別なところにいたら，何か別な偶然がそれにとってかわったことだろうし，別な欲望が生まれ，それをそそる別な旧友との出会いがあったことだろう．

（プルースト『失われた時を求めて』より3)）

5. 主観確率のパイオニアであるラムゼイは，今ではラムゼイ理論と呼ばれる数学分野の創始者でもある．点（頂点）とその間を結ぶ線（辺）の集まりを研究するグラフ理論において，その中に必然的に現れる性質に注目する分野である．例えば，6人の集まりの中には必ず，互いに顔見知りの3人か，互いに顔を知らない3人がいる．6頂点からなる（完全）グラフにはこのどちらをも許さないだけの広さがないからである．

6. プルースト的な，もしくはラムゼイ理論的な意味での危険が，大量のデータには潜んでいる．大きなデータとたくさんの説明変数に対し，目的の次元が小さい場合，無意味や無関係を許容するスペースがない．

7. 私たちの偉大な発見，作品，業績の原因のほとんどは偶然の働きかもしれない．大きな世界の織物の中でたまたま情報の流れの結節点に属することが，その場所に素晴らしい模様を作り上げる．

8. 恋をすると人は偶然に対して敏感になる．星占いが急に気になりだすのも無関係ではない．恋がさまざまなできごとを偶然，もしくは運命という図式の中に取り込み始めるのである．

---

3)『失われた時を求めて 5』（プルースト，鈴木道彦訳，集英社文庫），第三篇「ゲルマントの方I」．

> けさ，Xが上機嫌だったから，Xからプレゼントをもらった
> から，次のデートの約束ができたから——ところが，夕方に
> なって，思いもかけずXがYといっしょにいるのを見かけ
> たから，わたしに気づいた二人がささやき合うのを見たよう
> に思うから，おかげでわたしたちの関係の曖昧さがはっきり
> したし，Xのふたごころまで明らかになったので——せっか
> くの幸福感は終りを告げてしまった．
>
> (バルト『恋愛のディスクール・断章』より4))

9.　しかし，幸福や不幸を感じる理由は偶然そのものではなく，そ
の構造である．私たちが絡めとられている隠された構造を，偶然
が明かすのである．

> 偶然のできごとにあってわたしを捉え，わたしの中で反響し
> ているものは，原因ではなくて構造である．まるでテーブ
> ル・クロスごと食卓の上のものが引き寄せられるようにして，
> 恋愛関係の全構造が，わたしのもとへ引き寄せられてくる．
> その不都合も，その罠も，その袋小路も，なにもかもすべて
> が．
>
> (同上より)

10.　運命は，いや偶然は本当に存在するのだろうか．いろいろな
物事が起こるのだが，それらはまったくばらばらの事象であり，
唯一の共通点は私に，あるいは私とあの人に関係があるというこ
となのだ．

---

4)『恋愛のディスクール・断章』(ロラン・バルト，三好郁朗訳，みすず書房)，
　　"Contingences"(不測のできごと)．

11. しばしば引用されるルクレーティウス（99?-55BC）の言葉に，「嵐の海に浮かぶ船を陸から見るのは楽しい」という句がある[5]．

ほとんどの人生の不安は，未来の不確実性への不安である．明日にも，突然の事故や病気や不運で，自分や愛する人が死ぬかもしれない，あるいは死よりも悲惨な生を強いられるかもしれない（よく言われることだが，恐しいのは死そのものではなく，死に到る過程だ）．このような不安から人間を救うのは唯一，哲学であり，その悟りに達した人間が世を眺める平穏な気持ちがこの詩の心である．

ここで言う哲学とはおおむね，エピクロス（341-270BC）の思想[6]である．"epicurean" の語から誤解されがちだが，エピクロスは自然で必要な，最低限の欲求だけを満たして楽しむことで，苦

図 15.1　『嵐の中の船』（アンリ・ルソー，1896）

5）『物の本質について』（ルクレーティウス，樋口勝彦訳，岩波文庫）．第二巻冒頭，
　　「大海で風が波を搔き立てている時，陸の上から他人の苦労をながめているのは
　　面白い」．
6）『エピクロス――教説と手紙』（出隆・岩崎允胤訳，岩波文庫）．

痛や恐怖から逃れることを説いた．その意味で，俗には正反対の
思想だと考えられているストア派に通底する．

12.　ストア派の哲学者たちは，不確実な未来や生への恐れは世界
を理解することで打ち消せると考えた．すべてのものごとは起こ
るべくして起こる．我々も無から生まれ，また無へと戻っていく．
我々自身の体も含め，もともと我々のものでないものを奪われた
からといって，何を悲しむことがあろう．ランダムネスに対して
ほとんど無関心であれば，不運や不幸に対して頑強なのではない
か？

> 誰にでも起こりうるのだ —— 誰かに起こりうる出来事は．
>
> （ププリリウス・シュルス[7]）

> よろづの事は頼むべからず．愚かなる人は，深く物を頼むゆ
> ゑに，恨み怒る事あり．　　　（『徒然草』[8] 第二一一段より）

13.　ストア派の哲学がどの時代にも有力な信奉者を持ったのはお
そらく，かなりの部分はセネカ（4BC?-65）のおかげだろう．セネ
カの書簡[9]はストア派哲学の簡潔な要約であると同時に，ストア
派には収まりきらない部分を持っている．セネカは現代からは想
像もできないほどの大権力者であり，大富豪だった．それでいて，
俗世の富や権力や名声を蔑むストア派であることと（どうにか）折
り合いをつけられた．タレブは『反脆弱性』[10]の中で，セネカの

7）紀元前1世紀頃の古代ローマの劇作家，詩人．名言の類が多く知られている．
8）『新版 徒然草』（兼好法師，小川剛生訳注，角川ソフィア文庫）．
9）『人生の短さについて 他二篇』（セネカ，茂手木元蔵訳，岩波文庫），『セネカ道徳
　　書簡集（全）』（セネカ，茂手木元蔵訳，東海大学出版局）など．

哲学は，単に頑強さを目指すストア派から，彼の言う「反脆弱性」
の考え方に一歩近づいていると指摘している．

14. 通常，脆弱性と頑強性とは互いに反対語だとされている．外
部からのランダムな働きかけやノイズに対して，影響されやすく，
壊れやすく，弱いのが脆弱であり，影響され難く，壊れ難く，強
いのが頑強である．しかし，タレブの指摘によれば，脆弱性の反
対はランダムネスから利益を得る性質のはずである．タレブはこ
の概念を「反脆弱性」と呼んでいる．

　多くの複雑なシステムは反脆弱性を持つ．例えば，自然環境，
私たちの身体，経済．これらはランダムネスによって安定し，自
己修復し，さらに繁栄していく．タレブによれば，これらを殺す
もっとも確かな方法は「かかりつけの医者」をあてがうことだ．

15. 未来を予測することは難しいし，そのリスクを評価すること
も難しい．しかし，不確実性に対して弱いか，強いか，不確実性
から利益が得られるかを判定することは難しくないし，しばしば
自明である．

16. 偶然が私たちに無知を授けてくれることが，大いなる救いと
なる場合もある．銃殺刑を執行する兵士たちの銃には実弾と空砲
を混ぜておく．おかげで兵士たち全員が，殺人の恐れから少し解
放される．これは上司への反乱を防止するためでもあろうが．

17. 二重盲検法．私たちの隠れた欲望や意図や知性が，真実の探
求を邪魔することがある．これを取り除き，透明なガラス越しに

---

10)『反脆弱性』(N. N. タレブ，望月衛監訳，千葉敏生訳，ダイヤモンド社).

真実をありのままに見つめるためには，ランダムネスの助けが必要である．私たちが知らないということ，コントロールできないということが，私たちに知識と制御を授ける場合がある．

18. 通常のアルゴリズムに対して，偶然性や無規則性を利用したランダムなアルゴリズムが有効な場合がある．しかも，非常な効率性を発揮することさえある．高い確率で正解が得られるにすぎないという意味で「弱い」アルゴリズムが，通常のアルゴリズムよりも強力になりうる，ということは興味深い．

19. 美味しい，リーズナブルな，素敵な，奇想天外な料理を出してくれる，いろいろな良いレストランが町にあるのは，誰のおかげだろうか．それは成功を信じて疑わない，向こう見ずで，自信過剰な，たくさんの愚か者のおかげである．彼らが飲食業経営に参入し，ほとんどが失敗してくれるおかげなのである．成功の秘訣を誰も知らないし，おそらく存在しない．飲食業は参入するのがやさしく，失敗するのもやさしい．実際そうする人の多い業種である．

> 私は，思い上がってレストランを開店し，失敗した男に対して，何と恩知らずなのだろう．彼がツナの缶詰か何かを食べている間，私は美味しい食事を愉しんでいるのだから．
> （タレブ『反脆弱性』より）

それでも飲食業をしたいなら，投資家かコンサルタントになる手もある．20店にも関われば，その中から成功するレストランが現れるだろう．他の18,9店の店主がツナ缶で夕食をとっているとき，あなたは成功したレストランの最上の席で無料の食事を味

わえる．ただしそれは，夢の上澄みの味だ．

20. 二つの飼い葉桶の間でロバが欲望の板挟みに苦しむのは偶然性がないからである．もしランダムな揺動があれば，どちらかに進めるのに．逆にあらゆる偶然に揺さぶられ続けるのも（つまりロバではなく私たち人間だ），死ぬほどのストレスだろう．

21. 適当な程度のノイズやランダムネスがシステムを安定させる，という効果はよく知られているし，実際に応用されている．純粋すぎるシステムは，いわゆる「カオス」に陥る危険がある．

22. シグナルを検出するとき，データ全体に微量のホワイトノイズを加えるというテクニックがある．センサの認識の閾値を越えられないシグナルが，ノイズで底上げされるのである．ひょっとしたら，パーティで遠くの話し声が聞こえるのも，背景ノイズにも関わらず，ではなくて，そのおかげなのかもしれない．

23. 未知のレストランの，未知の料理名ばかりのメニューで，何を食べるべきか迷うのは，愉快ではない経験かもしれない．このような場合には，でたらめに選ぶことにしておけば，「私の決断の拙さ」を避けられる．とは言え，変人と思われたくなかったら，食卓でサイコロを取り出したりはしない方が良い．

24. 「理解」は著しく過大評価されている．大きな業績を上げた人や成功した人は（または私は），凡庸な他の人々とは違って，ものが見えていたのだ，と．しかし実際のところは，激しくランダムで刻々と変わる環境の中で場当たり的な成功を収めたにすぎない場合がほとんどだ．真の「理解」はおそらく，ランダムな環境

と，そこからたまたま都合の良いものだけを残していくフィルタと，その集積の中にある．つまり理解の主語は世界であって，我々ではない．我々の理解は真の理解の貧弱なシミュレーションである．

25. 個々の人間が不確実性の前に非力で脆弱なのは結構なことだ．個々人が病や事故や老化で死ぬことによって，人間全体は不確実性から利益を得て，よりしぶとく，生き延びていくのだから．人間全体，世界全体にとって，可能な世界全体にとって，偶然や確率は存在せず，個体化の表象として切り取られる世界の断面が確率なのかもしれない．

26. 日本では SF 作家レムによる書評[11] でのみ知られている異端的な確率研究者ツェザル・コウスカは，人間原理の魁となる独特の論理を用いて過激な主張をした．その主著『生の不可能性について』と『予知の不可能性について』によれば，十分に複雑なもの(例えば著者自身やその人生)の存在を認めるなら，確率論は完全な虚偽であり，科学的予測も不可能である．可能だったとしても，確率論とはまるで異なる理論によるはずだ，と．

27. 偶然，ランダム，でたらめ，無秩序，無情報，確率，……，さまざまな言い方で私たちが指し示そうとしている，何か一つの本質があるのかもしれない．

28. 『列子』[12] より．ある人が羊を一匹逃がしてしまったので，隣

---

11) 『完全なる真空』(スタニスワフ・レム，沼野充義・他訳，国書刊行会).
12) 『列子』(小林勝人訳注，岩波文庫)，説符第八，二十四「楊子の隣人羊を亡う」.

の家の召使いたちまで借り，羊を追いかけた．たった一匹の羊を
なぜ大勢で追うのか，と人が尋ねると，分かれ道が多いからだと
言う．結局，皆は羊を見つけられなかった．わけを訊くと，分か
れ道のそのまた先が分かれ道だったのだ，と．

索引

[あ]

アーロンソン(Aaronson, S.)　144, 146, 156
アインシュタイン　96
アダマール変換　94
嵐の中の船　162
『嵐の中の船』(絵画)　162
アリストテレス　5, 8
アルゴリズム(コルモゴロフの)　52
アルゴリズム的ランダムネス　49, 57
暗号　125
EPR状態(EPR対)　96
イギリス経験論　11, 63
意思決定　15, 17, 56, 60
一様にランダム　25, 28, 29, 61, 141
一様分布　61, 88
一貫性(コヒーレンス)　64
伊藤清　71, 78
伊藤の公式　76
Itô-McKean　70, 79
ウィーバー　81
ウェーヴレット　77
『失われた時を求めて』　160
宇宙論　138
ウラム　132
H関数(ボルツマンの)　86, 89, 90
H定理(ボルツマンの)　90
エピクロス　162
MCMC法(マルコフ連鎖モンテカルロ法)　127, 132
エルゴード性　90
エントロピー　81, 146
──増大の法則(熱力学の第二法則)　82, 86, 90
情報学的──　83
熱力学的──　83, 86
「エントロピー」(短編小説)　47, 82
「黄金虫」　125
近江の君　6
「踊る人形」　125

[か]

カード(トランプ)　6, 126
ガウス　7
──分布(正規分布)　77, 88, 122
カオス　166
拡張定理(測度の)　72
確率(確率測度)　27, 65, 72, 76
──解析　78
──過程　29
──空間　27, 32, 37, 39, 44, 46, 47, 60, 63, 71, 145, 159
──測度　27, 72, 76
──的アルゴリズム　99, 102, 165
──的戦略(混合戦略)　22, 55
──微分方程式　32
──分布　84, 117
──変数　30, 32
──論と統計学　104
『確率の解析的理論』　7
『確率の哲学的試論』　7, 15
頑強性　163, 164
重ね合わせ(量子状態の)　22, 95
可算加法性(σ-加法性)　28, 67
可算個　27
『歌章』　24
仮説検定　12, 117, 123
換字式暗号　126
観測者選択問題　145
観測選択理論　151, 156
記憶喪失　147
危険率　121
記述統計　124
「奇蹟論」　17
期待値　9, 15, 17, 60, 65, 155
帰納関数(部分帰納的関数)　49, 51
帰納法　50
ギブス　86
基本関数　50
帰無仮説　118
キャロル(ルイス)　13, 24, 92
ギャンブル(賭博)　5, 6, 36, 55
『舊(旧)約聖書』　104
極限定理　56
局所最適解　131
金融派生商品　64

区間推定　120
組合せの数　3, 117, 131
クラジウス　86
グラント　106
「黒い手帳」　6, 36
グローバーのアルゴリズム　102
経験論哲学　11, 63
計算　49
計算可能　49
ケインズ　63
ゲーム理論(ゲームの理論)　20, 155
『ゲームの理論と経済行動』　20
決定論　8, 152, 154
限界効用逓減の法則　18
原始帰納的関数　50
『源氏物語』　5
原子論(原子説)　8, 152
検定理論　116
圏論　33
コイン投げ　14, 18, 39, 48, 56, 65, 71, 84, 92, 115, 139, 148
孔子　6
コウスカ(ツェザル・コウスカ)　136, 167
互換　131
心の代数　14
コヒーレンス(一貫性)　64
コルモゴロフ　26, 37, 39, 44, 47, 49, 60, 63, 114
──の複雑度　46, 49, 51, 53
コレクティヴ　38, 48, 62
混合戦略(確率的戦略)　22, 55
コンピュータ　50, 96

[さ]

再現性の危機　123
「最後の事件」　20
「最後の審判日」論法　143
サイコロ(サイコロ投げ)　6, 28, 30, 55, 56, 59, 64, 144
「サイコロ部屋」問題　144
最大エントロピー原理　89
最尤法　120
サヴェッジ　63, 64
サンプル(標本)　44, 112, 141

169

ジェフリーズ　62, 68
σ-加法性（可算加法性）　28, 67
σ-加法族　27, 44
試行錯誤　134
自己表示仮定　142, 150
自己標本仮定　141, 150
事象　27, 65
『自然学』　5, 8
事前確率　61, 140, 144
自然言語処理　129
支配戦略　155
『死亡表に関する自然的かつ政治的観察』　106
シミュレーション　132, 150, 156, 167
シャーロック・ホームズ　20, 115, 125
シャノン　81, 83, 86, 89
自由意志　152
自由意志説　153
主観確率　45, 61, 62, 116, 123, 160
条件つき確率　9, 141
条件つき期待値　44
情報学的エントロピー　83
情報尺度　87
ショックレー　36
『シルヴィーとブルーノ』　92
神学　152
進化（論）　137, 146
『神曲 地獄篇』　6
『シンデレラの罠』　147
シンプソンのパラドックス（ユール-シンプソンのパラドックス）　108, 111
信頼区間　121
信頼係数　121
推定理論　116, 123
酔歩（ランダムウォーク）　70, 71, 129, 130, 132, 134
『数学的センス』　33, 58
双六（すごろく）　5
ストア派（ストア哲学）　163
「スナーク狩り」　13
正規数　43, 72
正規分布（ガウス分布）　77, 88, 122
政治算術　106
脆弱性　164, 167
精神的不可能性　18
『生の不可能性について／

予知の不可能性について』　136, 167
聖ペテルスブルグの問題　18
生命保険　106
積の法則　9
絶妙な調整　137
セネカ　163
線形変換　95
「千両みかん」　19
『荘子』　159
相対性理論（特殊）　88
測度論（ルベーグ積分論）　27
ソロモノフ　49

［た］
ダイアコニス　125
大数の法則　40, 56, 72, 112
多宇宙（仮説）　31, 138
高木関数　79
脱出問題（ブラウン運動の）　78
ダッチブック論法　64
タレブ　163
探索的データ解析　124
ダンテ　6
置換（並び替え）　3, 127
知的な設計者　137
チャイティン　51
中心極限定理　122
チューリング　51
　　―― 機械　50
『枕頭問題集』　24
『通信の数学的理論』（書籍）　81
「通信の数学的理論」（論文）　83, 85, 89
ツェザル・コウスカ　136, 167
塚本邦雄　158
『徒然草』　163
「DL2号機事件」　58
データベース検索　99
デネット　137
デ・フィネッティ　63, 68, 114
手本引き　55
テューキー　124
点推定　120
ドイチュとジョサのアルゴリズム　99
ドイル, A. C.　20, 115, 125
『統計学とは何か』　125, 134
統計的推測　45, 60, 68
統計的に有意　119, 123

統計力学　86, 91
同様に確からしい　2, 25, 29, 59, 61, 65, 140, 149
特殊相対性理論　88
独立（性）　9, 40, 79
ドジソン, C. L.　24
ドストエフスキー　6
賭博（ギャンブル）　5, 6, 36, 55
『賭博者』　6
トランプ（カード）　6, 126

［な］
長い列にいる確率　146, 158
ナッシュ均衡　22
並び替え（置換）　3, 127
二階差分（作用素）　75
二階微分（作用素）　76
二重盲検法　164
ニューカムの問題　153
人間原理　137, 148, 150
「人間孵卵器」問題　139
『人間本性論』　11
「盗まれた手紙」　54
ネイマン　45, 60, 68
熱的死　83
熱方程式　76
熱力学的エントロピー　83, 86
熱力学の第二法則（エントロピー増大の法則）　82, 86, 90
眠れる美女の問題　148
ノイズ　166
野﨑昭弘　33, 58
ノンパラメトリック　124

［は］
場合の数　8
破産問題　74
パスカル　6, 15, 24, 60, 136
　　―― の賭け　16
　　――-フェルマー書簡　6, 106
バルト（ロラン・バルト）　161
反規則性　47
『パンセ』　16
反脆弱性　164
『反脆弱性』　163, 165
万能アルゴリズム　53
ピアソン（エゴン・ピアソン（子））　45, 60, 68, 122
ピアソン

（カール・ピアソン（父））
　45, 60, 110, 122
ピアソン（父子）　45, 60, 122
p-値　118, 123
『緋色の研究』　115
久生十蘭　6, 36
『緋牡丹博徒』　55
ヒューム　11, 17, 63
ビュフォン　12, 133
　──の針　133
標本（サンプル）　44, 112, 141
ピンチョン　47, 82
頻度（相対頻度）　39, 60, 126
頻度主義　45, 60, 62, 122, 150
ファシズム　63
フィッシャー　45, 60, 68,
　110, 122
フーリエ解析　70
フーリエ級数　76
フェルマー　6, 106
フォン・ノイマン　20, 87
フォン・ミーゼス　37, 48, 60,
　62, 114
部外者　151
複雑度（コルモゴロフの）
　46, 49, 51, 53
『不道徳教育講座』　70
負の確率　92
ププリリウス・シュルス
　163
部分帰納的関数　49, 51
ブラウン運動　29, 33, 70, 76
　──の経路の微分不可能性
　33, 79
　──の脱出問題　78
フランクリン　14
プリーストリー　14
プルースト　160
プログラム（コンピュータの）
　51
平均　112
平均余命表　106
平衡状態　87
ベイズ　9, 10, 106, 111
　──推定　9, 10, 17, 38, 41,
　61, 67, 116, 123, 140, 144
　──の公式　9, 10, 61,
　67, 140
ベスト　106
ベルヌーイ, D.　18, 60
ホイヘンス　7
ポー, E. A.　54, 125, 147

亡羊　2, 167
ホームズ（シャーロック）
　20, 125
星占い　160
母集団　112
母数　112
ボストロム（Bostrom, N.）
　139, 141, 151, 156
ホットハンド　59
ホッブズ　152
ホラーティウス　24
ボルツマン　86, 89
　──のH関数　86, 89
　──のH定理　90
　──の夢　91
ボレル　43, 72
ポワソン　41

［ま］
マーフィーの法則　159
枚挙関数　53
枚挙定理　53
マックスウェル　86, 89
マルコフ性　129
マルコフ連鎖　129, 133
マルコフ連鎖モンテカルロ法
　（MCMC法）　127, 132
マルティン=レーフ　49, 57
マルチンゲール　44, 46
ミーゼス（フォン・ミーゼス）
　37, 48, 60, 62, 114
三島由紀夫　70
道の空間　29, 77
紫式部　6
メタ・ニューカムの問題　156
メトロポリス（人名）　133
　──法　133
　──-ヘイスティング法　133
文字頻度　126
もつれ（量子状態の）　22, 95
モリアーティー教授　20
モルゲンシュテルン　20
モンテカルロ（モンテ・カルロ）
　（地名）　36, 132
　──法　132, 133

［や］
有意水準　118, 123
ユール-シンプソンの
　パラドックス（シンプソン
　のパラドックス）　108, 111
有限加法性　67

要約量　124
予見　65

［ら］
ラオ　125, 134
ラシーヌ　15
ラプラシアン（ラプラス作用素）
　76
ラプラス　7, 15, 59, 61,
　114, 152
　──の魔　8
ラムゼイ　63, 160
　──理論　160
乱数　56
ランダムウォーク（酔歩）
　70, 71, 129, 130, 132, 134
ランダム性（フォン・ミーゼスの）
　42, 48
ランダムネス（アルゴリズム
　的な）　49, 57
乱歩（酔歩）　71
リーマン多様体上の
　ブラウン運動　78
『リヴァイアサン』　152
理解　137, 166
理想気体のエントロピー　87
リフル・シャフル　126
量子アルゴリズム　102
量子ゲーム理論　22
量子コンピュータ　102
量子状態　22
量子状態の重ね合わせ　22, 95
量子状態のもつれ　22, 95
量子力学　88, 96, 102, 152
両立不可能説　153
ルイス・キャロル　13, 24, 92
ルーレット　6, 24
ルクレーティウス　162
ルベーグ　27
　──積分論（測度論）　27
　──測度　28, 29, 72
レヴィ　78
『列子』　2, 167
レム　167
『恋愛のディスクール・断章』
　161
ロラン・バルト　161
『論語』　5
論理ゲート　96

［わ］
ワイエルシュトラス関数　79

原 啓介 （はら けいすけ）

東京大学大学院数理科学研究科博士課程修了，博士（数理科学）．
立命館大学理工学部数理科学科にて准教授，教授を務めたのち，
株式会社 ACCESS 勤務などを経て現在，Mynd 株式会社取締
役．著書に『測度・確率・ルベーグ積分』（講談社），訳書に『世
界を変えた手紙』（K. デブリン，岩波書店）など．

眠れぬ夜の確率論

2020 年 7 月 25 日　第 1 版第 1 刷発行

著者　　原 啓介

発行所　株式会社 日本評論社
　　　　〒170-8474 東京都豊島区南大塚 3-12-4
　　　　電話　（03）3987-8621［販売］
　　　　　　　（03）3987-8599［編集］

印刷　　株式会社精興社
製本　　株式会社難波製本
装幀　　atelier yamaguchi（山口吉郎，山口桂子）

© Keisuke Hara 2020　Printed in Japan
ISBN 978-4-535-78917-3